KB007511

지금부터 식도락 여행을 떠나볼까요?

레시피팩토리는 행복 레시피를
만드는 감성 공작소입니다.
레시피팩토리는 모호함으로 가득한
세상 속에서 당신의 작은 행복을 위한
간결한 레시피가 되겠습니다.

우리가 진짜
배우고 싶었던
다른 나라 요리
116가지

진짜
기본 **세계 요리책**

그동안 궁금했던
세계 요리를
한 권의 책으로 만나보세요!

세계 요리 클래스의 경험을 한 권에 담았습니다

쿠킹 스튜디오 '원더쿠킹'을 열고 요리 수업을 시작한 지
어느새 15년이란 시간이 흘렀네요. 일상 반찬, 브런치, 신혼 요리 등의
다양한 클래스 중 저를 가장 성장하게 한 수업은 뭐니뭐니해도
'세계 요리 클래스'인 것 같아요. 행복했던 추억도 유독 많고요.

사실, 처음 이 수업을 기획한 것은 제 즐거움 때문이었습니다.
워낙 식도락 여행을 좋아해서 여차하면 떠나곤 했는데요,
여행에서 돌아온 후 현지 맛을 기억해내면서 재현하는 것이 묘하게
재밌더라고요. 소스를 바꿔보고, 향신료를 추가해보고. 그러다 여행지의
맛과 비슷해지면 어찌나 뿌듯하던지요. 이러한 과정에서 느낀 즐거움을
많은 분들과 나누고 싶어 세계 요리 클래스를 시작한 것이랍니다.
그런데 수업이 진행될수록 수강생분들이 들려주는 여행담 덕분에
제가 얻는 게 오히려 더 많아졌습니다. 타인이 경험한 여행지에서의 추억,
식문화에 대한 이야기를 듣다 보면 가봤던 곳은 되려 새롭게 느껴지고,
가보지 못한 곳에 대해서는 이런저런 상상을 할 수 있었지요.

다양한 나라의 요리를 전문적으로 배우고 싶은 욕심도 커져서
기회만 되면 외국의 요리학교를 다녔어요. 파스타 한 번 제대로 배워보겠다며
이탈리아로 날아가 현지 학교를 등록하기도 했고, 향신료의 세계에 빠져
태국으로 떠나 요리 공부를 하기도 했답니다. 그 시절, 향신료와 그릇을
눈에 보이는 대로 사들이다 생활비가 모자란 적도 있었고요.
이러한 열정이 지금의 세계 요리 클래스를 있게 한 원동력인 것 같습니다.

제 경험이 하나 둘 쌓여가고, 많은 수강생분들의 여행담이 모이면서
수업이 더 탄탄해지고 있을 무렵, 레시피팩토리의 제안을 받고
함께 세계 요리책을 만들게 되었습니다.

'진짜 기본' 시리즈의 세 번째 주인공, 〈진짜 기본 세계 요리책〉

〈진짜 기본 세계 요리책〉은 레시피팩토리의 스테디셀러 〈진짜 기본 요리책〉,
〈진짜 기본 베이킹책〉의 뒤를 잇는 세 번째 '진짜 기본' 시리즈입니다.
두 권의 책이 왕초보를 위한 기본 입문서였다면, 〈진짜 기본 세계 요리책〉은
각 나라의 기본이 되는 요리를 담았기에 또 다른 분위기의 '진짜 기본'
시리즈가 되었답니다. 세계 요리가 다가가기 쉬운 주제는 아닐지라도
너무 어렵게 느끼지 않았으면 하는 마음에 특이한 메뉴보다는
한 번쯤 먹어봤던, 한 번쯤 들어봤던 요리 위주로 담아냈습니다.

그러기위해 메뉴 리스트 구성에 독자님들의 의견을 적극 반영했습니다.
바로, 네이버 푸드와 함께 식도락 여행 마니아임을 자처하는 100분을 선정,
설문을 진행하였고, 각 나라의 '진짜 기본'이라 생각되는 메뉴들과
그중 배우고 싶은 메뉴들을 직접 정한 것이지요. 1탄, 2탄을 독자 패널단과
함께 만든 것처럼 〈진짜 기본 세계 요리책〉 역시 독자님들의 도움을 많이
받았습니다. 기획에 도움을 주신 모든 분들, 다시 한번 감사합니다.

반복되는 일상 속, 여행 같은 책이 되길 바랍니다

〈진짜 기본 세계 요리책〉은 먹기 위해 떠나는 식도락가,
맛집 탐방을 좋아하는 분들, 새로운 요리를 배우는 것에 즐거움을
느끼는 이들에게 특히 추천합니다. 그리웠던 여행지, 맛집의 맛을
집에서 재현해보고, 눈으로만 보던 요리를 직접 맛보셨으면 합니다.
음식에 대한 상식을 풍부하게 해주는 이야기도 곳곳에 담았으니
생활미식을 더 알차게 즐겨보시고요!

'워라밸(Work and Life Balance; 일과 삶의 균형)'이라는 말이 떠오르네요.
에너지를 충전하기 위해 여행을 떠나는 것처럼,
반복되는 일상에 기분전환이 필요할 때 이 책을 펼쳐보세요.
〈진짜 기본 세계 요리책〉이 여러분의 일상에 특별한 추억을 선사하길 바랍니다.

2019년 3월 저자 김현숙

〈진짜 기본 세계 요리책〉을 함께 만든 독자 메뉴 선정단 100명

강보경	박미리	이현옥
강수선화	박미원	이화연
곽난영	박정열	임선미
구민경	박정은	임승란
권수지	박정주	임현지
권은경	박진형	장영미
김경민	방소연	장우일
김경화	배민경	장지은
김경희	백은영	장한나
김기주	백장미	전정원
김동희	손선미	전진
김보람	손하정	전혜경
김수영	송인경	전혜린
김수정	신승구	정다솜
김시온	신지애	정민아
김옥인	안치모	정주용
김윤진	오은혜	정지윤
김인혜	오주언	정해인
김정아	우은숙	조보람
김지연	우인현	조수진
김지현	윤슬기	조해리
김태은	윤혜영	주재헌
김해연	이고은	주혜진
김현주	이명숙	진진희
김화영	이명희	차지은
김화인	이무근	최성주
김효진	이보라	최숙희
나한나	이솔지	최유나
남유빈	이연숙	최하나
노선영	이유비	최하린
노지원	이은주	황하연
노현정	이자영	황희진
류혜영	이정민	
민지연	이지영	

Contents

Basic Guide

part 1

Japan
일본

A s i a

China

Japan

Hongkong

Taiwan

part 2

China 중국

Hongkong 홍콩

Taiwan 대만

Contents

Israel

Lebanon

India

Thailand

Vietnam

Singapore

Indonesia

part 4

Contents

United Kingdom

Europe

France

Germany

Switzerland

Spain

Italy

Greece

Turkey

Contents

Canada

USA

N o r t h
A m e r i c a

Mexico

Cuba

+Recipe

요리와 함께 즐겨요!
나라별 인기 음료&술

Peru

S o u t h
A m e r i c a

Basic

기본 가이드 ———

세계 요리를 만들기 전, 미리 알아두면 유용한 정보를 소개합니다.
요리에 관한 기본 지식부터 낯선 재료에 관한 깊이 있는 정보까지
차근차근 배워보세요.

guide

<진짜 기본 세계 요리책> 활용법

❶ 각 나라를 대표하는 '진짜 기본' 메뉴 선정
독자 메뉴 선정단 100명이 설문에 참여,
각 나라를 대표한다고 생각되는 '진짜 기본' 요리 중
배우고 싶은 메뉴를 선정했습니다.

❷ 요리에 관한 이야기
요리의 탄생 배경, 요리명의 어원,
현지에서 먹는 법 등을 담았어요.
요리하기 전, 읽어두세요.

❹ 1:1 과정 사진이 있는 레시피
따라 하기 쉽도록 과정 사진과 레시피 설명을 1:1로
상세히 담았어요. 레시피는 현지 맛을 최대한 살리되
가정에서 어렵지 않게 따라 만들 수 있도록 개발했습니다.

❺ 요리할 때 알아두면 좋은 Tip
요리와 관련해 알아두면 좋은
식재료 정보, 도구 대체 방법 등
여러 가지 부가 정보를 채웠습니다.

❸ 낯선 재료 대체하기
낯선 재료를 익숙한 재료로
대체할 수 있는 방법을 소개했어요.
맛은 현지 느낌이 부족해지더라도
재료 구입에 대한 부담을 조금은 덜 수 있어요.

❻ 맛있게 즐기기
요리를 더 맛있게, 현지 느낌나게 즐기는 법,
함께 먹기 좋은 곁들임 요리 등을 소개했습니다.

계량도구 사용법

계량컵 & 계량스푼

1컵 = 200㎖

1작은술 = 5㎖

1큰술 = 15㎖

계량도구 대신 밥숟가락, 종이컵으로 계량하기

1큰술(15㎖) = 3작은술 = 밥숟가락 약 1과 1/2

1작은술(5㎖) = 밥숟가락 약 1/2

1컵(200㎖) = 종이컵 1컵

★ 밥숟가락은 집집마다 크기가 달라 맛에 오차가 생기기 쉬우니 가급적 계량도구를 사용하는 것을 추천한다.

종류별 계량하기

간장, 식초, 맛술 등 액체류

계량컵
평평한 곳에 올린 후 가장자리가 넘치지 않도록 찰랑찰랑 담는다.

계량스푼
가장자리가 넘치지 않을 정도로 찰랑찰랑 담는다.

설탕, 밀가루 등 가루류

계량컵 & 계량스푼
설탕, 소금 같이 입자가 큰 가루 가득 담은 후 젓가락으로 윗부분을 평평하게 깎는다.

밀가루 같이 입자가 고운 가루 체에 내린 후 꾹꾹 누르지 말고 가볍게 담는다. 젓가락으로 윗부분을 평평하게 깎는다.

★ 1/2큰술을 계량할 때는 1큰술을 담은 후 손가락으로 절반까지 밀어낸다.

고추장, 두반장 등 되직한 소스류

계량컵 & 계량스푼
재료를 바닥에 쳐 가며 가득 담은 후 윗부분을 평평하게 깎는다.

★ 동일한 1컵이라도 밀가루는 가볍고 고추장은 무겁다. 따라서 부피와 무게를 동일하게 계산해서는 안 된다.

콩, 쌀등 알갱이류

계량컵 & 계량스푼
재료를 꾹꾹 눌러 가득 담은 후 윗부분을 깎는다.

손대중 · 눈대중량 계량법

소금 약간 (한 꼬집)

깻잎 1장 (2g)

어린잎 채소 1줌 (20g)

콩나물 · 숙주 1줌 (50g)

부추 1줌 (50g)

느타리버섯 1줌 (50g)

새송이버섯 1개 (80g)

양상추 1장
(손바닥 크기, 15g)

양배추 1장
(손바닥 크기, 30g)

알배기배추 1장
(손바닥 크기, 30g)

가쓰오부시 1줌 (5g)

쌀국수 1줌
(불리기 전, 50g)

버미셀리 1줌
(불리기 전, 50g)

스파게티 1줌 (80g)

시리얼 1컵 (40g)

빵가루 1컵 (50g)

그라나파다노 치즈 간 것
1컵 (50g)

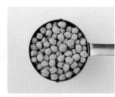

병아리콩 1컵
(불리기 전, 160g)

슈레드 피자치즈 1컵 (100g)

밀가루 1컵 (100g)

마카로니 1컵 (110g)

감자전분 1컵 (140g)

조갯살 1컵 (150g)

멥쌀 1컵
(불리기 전, 160g)

홀토마토 1컵 (200g)

불 세기 조절 & 팬 달구는 법

불 세기 알아보기

가스레인지의 불꽃과 냄비(팬) 바닥 사이의 간격으로 불 세기를 조절하자. 집집마다 화력이 다르므로 잘 확인할 것

불꽃과 냄비의
간격이 중요해요!

1cm 가량

약한불 ⟷ 중약불

불꽃과 냄비 바닥 사이에
1cm 정도의 틈이 있는 정도

0.5cm 가량

중간불

불꽃과 냄비 바닥 사이에
0.5cm 정도의 틈이 있는 정도

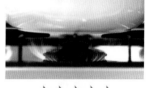

센불

불꽃이 냄비 바닥까지
충분히 닿는 정도

팬을 잘 달구는 세 가지 방법

다음 중 가장 편한 방법을 활용한다. 단, 특별한 주의가 필요한 경우 레시피 상의 설명을 따른다.

28cm

방법 1

지름 28cm 팬 기준,
중간 불에서 1분 30초간 달군다.
팬의 두께에 따라
1~2분간 더 달궈도 좋다.

방법 2

팬에 손을 가까이 댔을 때
따뜻한 열기가 느껴질 때까지
중간 불에서 달군다.

방법 3

팬에 물 1~2방울 떨어뜨렸을 때
지지직 소리가 날 때까지
중간 불에서 달군다.

튀김기름 사용법

기름 온도 확인하기

1 튀김기름을 달군 후 긴 나무젓가락으로 저어 온도를 균일하게 맞춘다.
2 빵가루나 튀김 반죽을 떨어뜨려 원하는 온도를 확인한다.

160℃
튀김 반죽이 바닥까지
가라앉았다가 5초 후
천천히 떠오르는 정도

170℃
튀김 반죽이 바닥까지
가라앉았다가 2초 후
바로 떠오르는 정도

180℃
튀김 반죽이 중간까지
가라앉았다가 2초 후
바로 떠오르는 정도

200℃
튀김 반죽이
가라앉지 않고
바로 떠오르는 정도

기름 온도가 너무 높다면
끓이지 않은 기름을 조금 넣어
온도를 낮춘다.

사용한 기름 처리하기

1 빈 우유팩에 신문지
(또는 키친타월이나 종이)를
구겨 넣고 완전히 식힌
기름을 부어 흡수시킨다.

2 다시 종이 → 기름 → 종이
순으로 반복해 넣고
입구를 테이프로 막아
일반쓰레기로 버린다.

튀김 깨끗하게 튀기기

튀기면서 생긴 반죽 부스러기는
쉽게 타 연기가 생기거나 새로운 튀김에
눌어붙을 수 있다. 따라서 기름에
떠돌아다니는 반죽 부스러기는 중간중간
물기가 없는 고운 체로 건져낸다.

레시피 분량 늘리는 법

이 책에서는 대부분의 요리를
2~3인분 기준으로 소개했으며,
특성에 따라 1인분으로 제시한
메뉴도 있다. 레시피양을 늘릴 때는
상태를 확인하면서 간을 조절할 것.

양념
분량이 늘어나도
볼이나 팬 등 조리도구에
묻는 양념의 양은 비슷해
배수 그대로 늘리면 짜다.
따라서 100% 늘리지 말고
90% 정도만 늘린다.

물
분량이 늘어나도 끓을 때
증발량은 비슷해
물의 양을 단순히 배수로
늘리면 싱거워진다.
따라서 100% 늘리지 말고
90% 정도만 늘린다.

분량을 늘린 후 싱겁다면
마지막에 남은 양념을 넣어
부족한 간을 더한다.

많이 쓰는 소스 · 양념 · 향신료 알아보기

가루류

감자전분
고춧가루
말린 허브가루
멥쌀가루
밀가루
설탕
소금
통깨
파마산 치즈가루
＊ 파프리카가루
후춧가루

다진 것

다진 마늘
다진 생강
다진 파

액체류

＊ 노두유
라임즙
레드와인
레몬즙
맛술
＊ 발사믹식초
식초
액젓(멸치, 까나리, 참치)
양조간장
청주
＊ 케첩 마니스소스
＊ 피쉬소스
화이트와인
＊ 화이트와인식초

기름류

고추기름
식용유
올리브유
참기름

기타류

굴소스
＊ 두반장
마요네즈
머스터드
버터
＊ 베트남 고추
삼발소스
생크림
＊ 스리라차 칠리소스
스위트 칠리소스
올리고당
＊ 우스터소스
치킨스톡큐브
코코넛밀크
토마토케첩
＊ 토마토 페이스트
통후추
＊ 페페론치노
＊ 핫 칠리소스
해선장
＊ 홀토마토

Tip

낯선 소스 · 양념 · 향신료가 없다면?

＊표시된 재료는 많이 쓰이긴 하나
다소 낯설게 느껴질 수 있는 재료 중 대체 가능한 것.
일반적인 대체 방법을 오른쪽에 소개한다.
단, 요리에 따라 대체 가능 여부, 대체 방법에
차이가 있으므로 상세한 내용은
각 요리 레시피 페이지에서 확인할 것.

★ 대체할 경우 현지 특유의 풍미는 줄어든다.

＊ 낯선 소스 · 양념 · 향신료 대체하기 팁 예시

파프리카가루 ▶ 고운 고춧가루
노두유 ▶ 양조간장
발사믹식초 ▶ 레드와인 + 식초
케첩 마니스소스 ▶ 굴소스 + 설탕
피쉬소스 ▶ 멸치액젓
화이트와인식초 ▶ 화이트와인 또는 레몬즙
두반장 ▶ 된장 + 고추장
베트남 고추, 페페론치노 ▶ 송송 썬 청양고추
스리라차 칠리소스 ▶ 토마토케첩
우스터소스 ▶ 굴소스 또는 돈가스소스
토마토 페이스트 ▶ 토마토케첩
핫 칠리소스 ▶ 토마토케첩 + 다진 마늘 + 다진 청양고추
홀토마토 ▶ 완숙 토마토 데친 것

낯선 재료 알아보기

신선식품

- **로메인**
로마인들이 즐겨 먹던 상추라 해서 붙여진 이름.
일반 상추보다 쓴맛이 적고 식감이 아삭하다.
낱장의 잎 또는 포기째로 판매되며
미국의 시저 샐러드(324쪽)에 주재료로 사용.

- **공심채**
줄기의 속이 비어있어 공심채라는 이름이
붙여진 잎채소. 중국, 동남아 지역에서 흔히
재배되며 미나리처럼 아삭한 식감이 특징이다.
'모닝글로리'라는 이름으로 알려져 있으며
태국에서는 '팍붕'이라 부른다.
대표적인 활용 요리는 태국의 팟 팍붕 파이뎅
(공심채볶음, 130쪽). 봄~늦여름에
대형 마트, 온라인몰에서 구입 가능.

- **마**
일본 요리에 자주 쓰이는 뿌리 채소로
미끈거리면서 사각거리는 식감이 특징.
갈아서 생으로 먹기도 하며, 일본 요리에
많이 활용한다. 껍질을 벗길 때 끈적한 점액질이
나오며 이는 알레르기를 일으킬 수 있으므로
위생장갑을 끼는 것이 좋다.

- **생 연어**
생 연어는 첨가물 없이 연어 자체를 손질한
것으로 냉장 판매된다. 훈제연어는 연기를 쐬어
풍미를 높이고, 보관 기간을 늘린 것이다.
엄밀히 따져 훈제연어도 날 것이기에 초밥,
샐러드 등 생 연어를 사용하는 요리에 활용 가능.
일본의 사케동(46쪽), 미국의 포케(319쪽)에도
2가지 모두 사용할 수 있다.

- **그린 파파야**
태국의 샐러드 쏨땀(124쪽)의 주재료인
열대과일. 단맛이 강한 노란 파파야가 아닌
특별한 맛이 없는 덜 익은 그린 파파야를
사용해야 다른 재료들의 맛과 잘 어우러진다.
마트에서 보기 어려우므로 온라인몰
구입을 추천.

- **문어**
우리나라에서 잡히는 문어는 크게 두 종류이다.
낚시로 잡으며 크기가 큰 것은 대문어(물문어),
얕은 바다의 돌틈에 살며 크기가 작은
것은 참문어(돌문어). 참문어가 구하기도,
손질하기도 비교적 쉬운 편. 익은 상태로
판매하는 자숙 문어도 있다. 스페인의
뽈뽀 아 라 가예가(270쪽)에는 참문어를 활용.

- **샬롯**
지름 5cm 정도의 미니 양파.
일반 양파보다 단맛이 강하며 보라색을 띤다.
주로 서양 요리에 향신 채소로 사용.

- **셀러리**
시원하고 독특한 향과 쌉싸래한 맛이 특징인
향신 채소. 주로 아삭한 줄기 부분을 사용하며,
잎은 곱게 다져 허브처럼 활용하기도.
서양에서는 우리나라의 양파처럼
친근하게 사용하는 재료이다.

덜 익은 것　　　잘 익은 것

- **아보카도**
덜 익은 상태로 수확해서 실온에서 익혀 먹는
후숙 과일이다. 살짝 쥐었을 때 부드러움이
느껴지며, 껍질이 어두운 갈색빛을 띠는
초록색인 상태가 가장 잘 익은 시기이다.

- **청경채**
중국이 원산지인 채소로 중국 요리에
많이 활용. 국물 요리의 고명으로 올리거나
살짝 데쳐 짭조름한 요리에 곁들이기도 하며,
볶음 요리의 부재료로도 사용한다.

- **통닭날개**
닭날개는 보통 윙(날개 부분),
봉(날개 윗부분)으로 판매되는데,
통닭날개는 윙, 봉, 날개 끝부분까지
붙어 있는 것이다. 대만의 인기 길거리음식
닭날개 볶음밥(111쪽)에는
통닭날개를 활용하는 것이 특징.

- **주키니호박**
서양에서 유래된 호박의 일종.
오이와 애호박의 중간 형태를 띠고 있으며,
식감은 애호박보다 단단하다.

낯선 재료 구입처

온라인

태평마트
(smartstore.naver.com/taepyung)
아시아마트(www.asia-mart.co.kr)
아시아 식재료 전문 마켓
이푸드몰(www.efoodmall.kr)
이탈리아 식재료 전문 마켓
유로푸드몰(www.eurofood.co.kr)
유럽 식재료 전문 마켓
딜리셔스마켓(delicious-market.com)
향신료 전문 마켓
햄이랑 치즈랑(www.hamcheese.kr)
육가공품, 치즈류 전문 마켓
마켓컬리(www.kurly.com)
새벽배송이 가능한 식재료몰.
신선식품, 빵 등을 구입할 때 유용
(지역 한정).

★ '쿠팡'과 같은 오픈마켓 직구도 추천.

오프라인

사러가 쇼핑센터(연희동, 신길동)
국내외 신선식품, 가공식품이
다양하게 구비. 온라인몰도 있다.
(www.saruga.com)

포린푸드마트(이태원)
소스, 치즈, 가공식품 등의
수입 제품들이 다양하게 구비.

SSG 푸드마켓, PK마켓(지점별로 운영)
프리미엄 푸드마켓으로
일반 백화점 수입 식재료 코너보다
더 다양한 제품이 구비된 편.

★ 요즘엔 대형 마트, 백화점의
수입 식재료 코너도 잘 갖춰져 있다.

- **굴소스**
생굴을 소금에 절여 발효 시킨 후 굴에서 나온
국물에 밀가루, 감미료 등을 섞어 만든 소스.
한식, 중식 뿐만 아니라 다양한 요리에
짠맛, 깊은 풍미를 내기 위해 사용한다.

- **겨자**
향신 채소인 겨자의 씨를 가공한 것.
분말 상태인 겨자분, 페이스트로 만든
튜브 형태 2가지를 볼 수 있다.
연겨자는 매운맛의 강도를 낮춘 제품.

- **디종 머스터드**
겨자씨로 만든 소스인 머스터드에
허브, 화이트와인 등을 섞은 것. 톡 쏘는 맛과
부드러운 풍미가 동시에 느껴진다. 프랑스의
디종 지역에서 처음 만들어져 붙여진 이름이며
일반 머스터드보다 고급 소스로 여겨진다.
★비교
옐로우 머스터드 24쪽
홀그레인 머스터드 27쪽

- **노두유**
노추(老抽)라고도 하는 중국의 전통간장으로
일반 양조간장에 비해 농도가 진하고
짠맛이 적으며 달짝지근하다.
주로 진한 갈색을 내기 위해 사용한다.

- **고추기름**
건고추 또는 고춧가루를 기름에 볶아 매운 향을
입힌 것. 우리나라의 순두부찌개, 육개장 등에
활용하며 중국의 볶음 요리에도 많이 쓰인다.
시판 제품을 사용하면 편하지만,
고춧가루로 소량씩 만들 수도 있다.
★고추기름 만들기 81쪽

- **땅콩버터**
구운 땅콩을 갈아 식물성기름, 소금 등과 섞어
되직한 페이스트로 만든 것.
땅콩 입자가 씹히는 크런치 땅콩버터도 있다.

- **두반장**
발효 시킨 콩, 고추를 주원료로 하는 사천식
칠리소스. 우리나라의 고추장과 비슷하며
마파두부(89쪽), 훠궈 등의 중국 요리에
매운맛을 내기 위해 사용.

- **똠얌 페이스트**
새우, 레몬그라스, 라임, 고추, 채소 등을 섞어
페이스트화 시킨 제품. 태국의 똠얌꿍(118쪽)
국물을 손쉽게 낼 수 있다.

- **라임즙**
레몬즙에 비해 새콤함, 단맛, 이국적인 향이
강하다. 생 라임을 바로 즙 내어 사용하면
더 신선하지만, 시판 라임즙으로 간편하게
사용해도 된다. 태국 요리, 멕시코 요리에
특히 자주 쓰이는 식재료.

- **레드와인**
껍질을 벗기지 않은 포도를 발효, 숙성 시켜
만들어 붉은빛을 띠는 와인. 화이트와인보다
맛이 약간 떫은 편. 고기 요리에 많이 활용한다.
★ **비교** 화이트와인 27쪽

- **레드커리 페이스트**
여러 가지 향신료와 향신 채소를 빻아 만든
걸쭉한 양념으로 고추가 듬뿍 들어 있어
매운맛이 특징. 주로 동남아식 커리,
락사(176쪽) 등을 만들 때 활용한다.
★ **비교**
버터치킨커리 페이스트 24쪽
옐로우커리 페이스트 25쪽

- **레몬즙**
레몬 과육의 즙을 모은 시판 레몬즙.
생 레몬을 바로 즙내어 사용하는 것보다
신선한 향은 덜하지만 보관, 사용이 더 용이하다.

- **맛술**
청주가 순수한 술이라면,
맛술은 술에 단맛을 첨가해 만든 조미료.
미림으로도 알려져 있는데
맛술과 같은 의미이다.
★ **비교** 청주 25쪽

- **발사믹식초**
포도즙을 졸여 만든 식초로
발사믹(Balsamic)은 이탈리아어로 향기가
좋다는 의미이다. 본래 발사믹이란 이름을
쓰기 위해서는 이탈리아 모데나 지방에서 나온
포도를 사용해야 하지만, 요즘에는 향과 색소를
넣은 유사 발사믹식초도 흔하다.

- **버터**
우유에서 분리한 지방을 숙성 시켜 만든 것으로
크게 가염버터, 무염버터로 나뉜다. 사용하는
버터의 염도에 따라 요리의 간을 조절할 것.

- **버터치킨커리 페이스트**

토마토 페이스트, 각종 향신료 등을 섞어
인도식 마크니 커리(158쪽)를
손쉽게 만들 수 있게 해주는 양념.
★ 비교
레드커리 페이스트 23쪽
옐로우커리 페이스트 25쪽

- **생크림**

마트에서 '생크림'이란 이름으로 판매되는
제품은 우유로 만든 크림으로 고소한 풍미가
좋다. 대부분 무가당이며 본 책의 요리에는
이것을 사용. 반면, '휘핑크림'이라 판매되는
제품은 휘핑이 용이하도록 안정제, 유화제 등을
첨가한 것이다.

- **스테이크소스**

동양에서 요리의 감칠맛을 살리기 위해
굴소스를 쓴다면, 서양에서는 스테이크소스를
사용한다. 볶음밥, 고기 요리 등에 활용하며
'A1 소스'라는 제품명이 스테이크소스를
대신하는 말로 불리기도.

- **사워크림**

일반 생크림을 유산균으로 발효 시켜 만든 것.
우유의 고소한 맛에 신맛이 더해져
사워(Sour)란 이름이 붙여졌다.
생크림, 우유, 레몬즙 등을 섞어 만들 수 있으나
시판 제품을 구입하면 편하다.

- **시판 토마토 파스타소스**

시중에서 파스타용 소스로 흔히 볼 수 있는
제품. 토마토에 각종 허브, 향신료 등을 더해
만들어 감칠맛이 강한 편. 브랜드별로 부재료
사용이 다양해서 맛과 향의 차이가 많이 난다.
★ 비교
토마토 페이스트 26쪽
홀토마토 27쪽

- **스리라차 칠리소스**

고추와 마늘을 발효 시켜 만든 동남아식
칠리소스. 말린 고추가 아닌 생 고추로 만들어
맛이 개운하며, 매운맛은 적은 편이다.
서양식 칠리소스와 달리
신맛이 강하게 느껴진다.
★ 비교 칠리소스(핫·스위트) 26쪽

- **삼발소스**

싱가포르, 인도네시아, 말레이시아에서
주로 사용하는 고추 소스로 우리나라의
고추장과 비슷한 용도로 사용된다.
깔끔한 매운맛이 특징. 본래 고추, 마늘, 양파
등의 향신 채소를 절구에 빻은 후 기름에 볶아
만드는데, 시판 제품으로도 구입 가능하다.

- **옐로우 머스터드**

겨자씨 간 것에 식초 등을 섞어 되직한 형태로
만든 제품. 일명 서양식 겨자. 단맛이 거의 없는 편.
반면 단맛을 첨가한 제품은 허니 머스터드라고
한다. 쿠바 샌드위치(340쪽)는
옐로우 머스터드를 활용하는 것이 특색인 요리.
★ 비교
디종 머스터드 22쪽
홀그레인 머스터드 27쪽

- **올리브유**
올리브 열매에서 짜낸 기름.
샐러드에 생으로 뿌려 먹기도 하는데,
생으로 즐길 시 '엑스트라버진 올리브유'를
추천. 이는 올리브를 그대로 압착할 때
처음 얻어지는 품질 좋은 오일을 뜻한다.

- **청주**
쌀, 누룩을 원료로 빚은 후 걸러낸 맑은 술로
요리에 넣고 불조리를 하면 알코올이
날아가면서 재료의 잡내가 줄어든다.
소량일 경우 소주로 대체 가능하다.
★ 비교 맛술 23쪽

- **옐로우커리 페이스트**
강황, 레몬그라스, 마늘, 샬롯, 라임잎
등을 빻아 만든 커리용 양념으로 태국의
푸팟퐁커리(119쪽)를 만들 때 사용한다.
★ 비교
레드커리 페이스트 23쪽
버터치킨커리 페이스트 24쪽

- **우스터소스**
영국의 우스터 지방에서 유래한 소스로
앤초비, 식초, 설탕, 각종 향신료를 섞어
발효 시킨 것. 톡 쏘는 신맛과 달콤한 맛이
어우러진다. 일본의 오코노미야키(62쪽),
미국의 햄버거(314쪽), 스테이크,
돈가스 등에 활용.

- **치킨스톡**
닭고기, 닭 뼈 등을 우려 만든 육수.
서양에서 흔히 사용하는 조미료로
물에 섞어 육수를 낼 때 사용한다.
보통 액상, 파우더, 큐브 3가지 형태로 판매.

- **오징어먹물**
오징어 내장에 함유된 천연 색소 성분을
모은 제품. 신선한 오징어라면 손질 시 분리해
사용할 수도 있다. 리조토(240쪽), 파스타 등에
넣으면 특유의 풍미와 짭조름한 맛이 난다.

- **참치액젓**
가쓰오부시 숙성액, 표고버섯, 무, 천일염 등을
섞어 만든 액젓. 일본 요리에 주로 활용한다.

- **케켑 마니스소스**
인도네시아에서 주로 쓰이는 간장의 한 종류.
토마토케첩과 여러 가지 향신료를 첨가해
일반 간장보다 걸쭉하며, 단맛이 난다.
인도네시아의 나시고렝(184쪽),
미고렝 등에 활용.

- **태국 된장**
원어로는 '따오찌야우'라 불리며 태국의
팟 팍붕 파이뎅(공심채볶음, 130쪽)과 같은
동남아식 볶음 요리에 사용한다.
덜 갈린 콩이 함께 들어있고,
한국 된장에 비해 달고 질감이 묽다.

- **칠리소스(핫·스위트)**
고추에 토마토, 식초, 설탕, 향신 채소 등을
더해 만든 소스. 크게 매콤한 맛의
핫 칠리소스와 단맛이 가미된
스위트 칠리소스로 나뉜다. 토마토가
많이 들어있어 마냥 맵기보단 새콤달콤한 편.
★ **비교** 스리라차 칠리소스 24쪽

- **코코넛밀크**
코코넛 과육을 끓여 만든 액체로
특유의 달콤한 향이 난다. 동남아 요리에서
자주 활용하며 특히 동남아식 커리에 많이
쓰인다. 팩 또는 통조림 형태로 판매.

- **토마토 페이스트**
토마토 퓨레(토마토의 껍질, 씨를
제거한 후 갈아 졸인 것)를 농축한 소스로
되직한 페이스트 형태이다.
신맛이 강한 편이며 오래 가열했기에
홀토마토에 비해 신선한 풍미는 덜하다.
★ **비교**
시판 토마토 파스타소스 24쪽
홀토마토 27쪽

- **카야잼**
싱가포르를 대표하는 잼. 코코넛, 달걀,
판단잎(꽃향기가 나는 식물)으로 만들어
부드러운 단맛이 특징. 싱가포르의
카야 토스트(182쪽)를 만들 때 활용한다.

- **코코넛오일**
코코넛 과육에서 추출한 식물성 기름.
특유의 달콤하고 고소한 향이 나며
이러한 향을 제거한 제품도 있다. 보관 온도가
낮아지면 버터처럼 굳는 특징이 있지만
상온에서 녹인 후 사용하면 된다.

- **해선장**
발효 시킨 콩에 마늘, 식초, 고추를 넣어 만든
소스. 호이신 소스(Hoisin sauce)라 불리기도.
쌀국수 전문점의 테이블에 늘 올려져 있는
소스가 바로 이것.

- **피쉬소스**
생선을 발효 시켜 얻는 조미료로 우리나라의
액젓과 비슷한 풍미를 낸다. 동남아 전역에서
쓰이며 베트남식 피쉬소스는 '느억맘',
태국식 피쉬소스는 '남플라'라고 한다.

- **화이트와인**
껍질을 벗긴 포도(주로 청포도 품종)를
발효, 숙성 시켜 만들어 투명한 빛을 띠는 와인.
해산물 요리의 비린 맛을 줄이고
풍미를 더하기 위해 사용하며 단맛이 적은
드라이한 와인을 사용하는 것이 좋다.
★ 비교 레드와인 23쪽

- **홀그레인 머스터드**
겨자씨를 거칠게 부숴 입자가 살아있는
머스터드. 알갱이가 씹히는 식감이 특색이며
덕분에 풍미가 깊어 주로 고기 요리에 활용한다.
★ 비교
디종 머스터드 22쪽
옐로우 머스터드 24쪽

- **핫소스**
멕시코 타바스코 지역의 매운 고추에
소금, 식초를 넣고 발효 시킨 것.
매운맛, 신맛과 함께 톡 쏘는 향이 나며
소량만 사용해도 맛이 강하게 난다.

- **화이트와인식초**
화이트와인을 발효 시켜 만든 식초로
일반 식초에 비해 신맛이 약하고 은은한
향이 난다. 샐러드 드레싱에 많이 활용하는 편.

- **홀토마토**
토마토 자체를 통째로 익힌 후
껍질을 제거해 토마토 즙에 저장한 제품.
요리에 넣을 때 덩어리와 즙을 함께 사용한다.
토마토를 오래 저장하기 위해 나온 제품으로
순수한 토마토 맛에 가까운 편.
★ 비교
시판 토마토 파스타소스 24쪽
토마토 페이스트 26쪽

허브 & 향신료

- **가람마살라**

마살라는 인도 음식에 사용하는
혼합 향신료를 통칭하는 말이며,
가람마살라는 후추, 큐민, 계피, 카르다몸,
정향, 코리앤더시드 등 매운맛이 나는
향신료를 섞은 것이다.

- **강황가루**

인도가 원산지인 뿌리 채소 강황을 가루 낸 것.
카레의 주성분이기도. 맛은 맵고 쓰며,
향은 생강과 비슷하다.

계피

시나몬

- **계피 · 시나몬**

둘다 계수나무의 껍질을 말린 것이지만,
다른 종의 나무를 사용하므로 엄밀히 따지면
다른 재료이다. 계피는 매운맛이 강하며,
시나몬은 좀 더 달콤한 편. 2가지 모두
스틱과 가루 형태로 볼 수 있다.

- **고수**

얼얼한 향을 가지고 있는 향신 채소.
'코리앤더', '실란트로'라고 불리기도.
태국, 베트남, 인도, 중국 등의 동양에서는
주로 생 것 그대로를 사용하는 편이고,
서양에서는 씨앗(코리앤더시드)을
향신료처럼 활용한다.

- **넛맥가루**

넛맥은 육두구라 불리는 열매를 가리키며
이를 갈아 향신료로 사용한다. 매콤한 맛과
달콤한 향이 함께 나는 것이 특징. 주로 감자를
주재료 활용하는 요리에 사용하는데
감자 특유의 아린맛을 줄여주기 때문.

- **딜**

상쾌한 향이 나는 허브. 유럽에서 오이피클을
절일 때나 연어 요리에 활용하는 것으로 알려져
있으며 향이 강해 해산물 요리에 잘 어울린다.
씨앗인 '딜시드'도 향신료로 쓰인다.

- **라임잎**

'카피르 라임'이란 종의 나뭇잎으로
동남아 요리에 자주 쓰이는 향신료이다.
태국의 그린커리, 똠얌꿍(118쪽) 등에
독특한 향을 내기 위해 사용한다.

- **레몬그라스**

레몬 향이 나는 허브로 태국의 똠얌꿍(118쪽)에
사용하는 재료이다. 잡내를 잡기 위해
고기, 생선 요리에 넣거나, 줄기 부분을 갈아
소스를 만들곤 한다. 향이 좋아 비누, 향수,
화장품 등의 원료로 활용되기도.

- **로즈메리**
쌉쌀한 향이 강한 허브로 고기나 생선 요리에
줄기째로 넣으면 잡내를 잡을 수 있다.
열을 가해도 향이 강한 편이라 가열 요리에
사용하기 적합. 차로 우려 먹기도 한다.

- **말린 허브가루(파슬리, 바질, 오레가노 등)**
허브를 말려 가루 낸 형태로 주로 통에 담겨
판매된다. 파슬리나 바질가루는 은은한 풍미가,
오레가노가루는 강한 향, 톡 쏘는 매운맛이 특징.
생 허브에 비해 신선한 향은 덜하지만
저장 기간이 길어 유용하다.

- **베트남 고추**
베트남산 매운 고추를 말린 것으로 페페론치노,
청양고추보다 맵다. 청양고추는 즙이 있어
단맛이 함께 느껴지는 반면 베트남 고추는
말린 것이라 즙이 거의 없어 매운맛이 강한 편.
★비교 페페론치노 31쪽

- **루꼴라**
쌉싸래한 맛, 톡 쏘는 매운맛, 고소한 맛을
모두 지닌 허브. '로켓', '아루굴라'라고도
불린다. 샐러드, 피자, 파스타, 수프, 소스 등
특히 이탈리아 요리에 다양하게 활용.

- **바질**
청량하고 상쾌한 향이 강한 허브.
토마토와의 맛 궁합이 좋아 이탈리아의
마르게리타 피자(252쪽), 카프레제(258쪽)
등에 활용되며, 페스토(바질, 마늘, 올리브유
등을 으깨 만든 이탈리아 소스)의 주재료로도
애용된다.

- **산초가루**
산초 열매를 말려 가루 낸 것. 주로 중국
사천요리에 사용하며 혀가 마비되는 듯한
얼얼한 맛이 특징이다. 우리나라에서는
추어탕에 넣어 먹는 용도로 알려져 있다.

- **말린 커리잎**
커리나무의 잎을 말린 것으로 주로
동남아 요리에 향을 내기 위해 활용.
참고로 우리가 흔히 아는 카레가루는
강황이 주재료이고 커리잎을 간 것과는 다르다.

- **생 와사비**
일본의 초밥, 생선회에 곁들이는 향신 채소로
톡 쏘는 맛과 코끝을 찡하게 하는 매운 향이
특징. 뿌리의 껍질을 벗기고 와사비
전용 강판(39쪽)에 갈아서 사용한다.
갈린 형태의 시판 제품으로도 구입 가능.

- **샤프란**
꽃의 암술을 말린 향신료. 독특한 향도
특징이지만 주로 물에 우려내 요리에 노란빛을
띠게 하는 목적으로 사용한다. 대표적인
활용 요리는 스페인의 빠에야(266쪽).

- **월계수잎**
월계수 나무의 잎을 바짝 말린 것.
고기 요리에 1~2장만 넣어도 잡내를
잡아준다. 스톡, 스튜 등을 만들 때
많이 사용하며 우리나라에서는
수육을 만들 때 활용.

- **카이엔페퍼**
남미의 매운 고추 카이엔을 말려
곱게 간 서양식 고춧가루.
핫소스, 칠리파우더의 주원료이며
디톡스 음료의 부재료로도 활용된다.
일반 고춧가루보다 맵지만 맛은 더 깔끔한 편.

- **애플민트**
사과와 박하의 향이 나기 때문에 붙여진 이름.
향이 청량하고 순한 편으로
차나 음료에 자주 활용.

- **칠리파우더**
매운 고추를 말려 곱게 간 것에
큐민, 마늘 등을 섞은 향신료.
매운맛과 함께 약간의 단맛이 돌며
주로 멕시코 요리 등에 사용.

- **캐러웨이시드**
'캐러웨이'라는 식물의 씨앗으로 은은한
레몬 향이 난다. 생으로 먹기보다는
발효 시키거나 절이는 요리에 활용해야
특색 있는 향을 살릴 수 있다. 특히
독일에서 애용되며 대표 활용 요리는 호밀빵,
사워 크라우트(독일식 양배추절임, 296쪽).

- **양파파우더**
양파를 건조해 곱게 간 후 조미한 시즈닝.
튀김 요리에 뿌리거나 반죽에 섞으면 감칠맛이
난다. 마늘파우더도 비슷한 용도로 사용한다.

- **큐민가루**
이국적인 향이 강하고, 후추처럼 톡 쏘는
매운맛이 나는 향신료. 우리나라에서는
양꼬치를 찍어 먹는 것으로 알려져 있다.

- **타임**

로즈메리처럼 씁쓸한 향이 특징으로
고기 요리, 생선 요리에 주로 쓰인다.
야생에서 자라는 종은 벌들이 유독 좋아해
타임꿀로 만들어지기도.

- **통후추**

흑후추가 일반적이지만 백후추도
볼 수 있다. 흑후추는 열매가 덜 익어
녹색을 띨 때 수확하여 말린 것이고,
백후추는 껍질을 제거해 말린 것.
그라인더가 부착된 제품을 구입하면
즉석에서 갈아 사용할 수 있다.

- **파프리카가루**

유럽에서 재배되는 파프리카를 건조하여 간 것.
스페인 등의 유럽에서 순한 매운맛을
즐기기 위해 사용한다. 요리에 색과 향을
내기 위해 활용하기도.

- **타코시즈닝**

칠리파우더, 오레가노, 큐민, 파프리카가루,
크러시드페퍼, 양파파우더 등 각종 향신료가
조합된 제품. 멕시코 요리에 주로 사용하며
고기 밑간이나 양념에 쓰인다.

- **파슬리**

파슬리는 크게 두 종류로 나뉘는데
이태리 파슬리(Italian parsley)는 잎이 넓게
퍼져 있으며 샐러드, 수프, 소스 등의 요리에
활용한다. 반면, 곱슬곱슬한 작은 잎이
동그랗게 뭉쳐 있는, 일명 컬리 파슬리(Curly-
parsley)는 모양이 예뻐 장식용으로 쓰이는 편.

- **팔각**

별 모양의 향신료로 매콤한 약초향이 난다.
고기의 잡내를 잡아줘 갈비찜, 육개장 등
다양한 고기 요리에 쓰인다.
특히 중국 요리에 많이 사용하며
대표적인 활용 요리는 동파육(86쪽).

- **탄두리티카**

인도의 탄두리 치킨(164쪽)을 손쉽게
만들 수 있도록 다양한 향신료를
조합한 시즈닝 제품. 가람마살라,
칠리파우더, 큐민, 넛맥 등이 섞여 있다.

- **페페론치노**

이탈리아산 매운 고추를 말린 것으로
베트남 고추에 비해 크기가 작고 덜 맵다.
청양고추보다는 더 매운 편. 피자 토핑으로
쓰이는 동그란 햄인 페퍼로니에 함유되어있다.
★ **비교** 베트남 고추 29쪽

치즈

• **그라나파다노치즈**
그라나는 이탈리아어로 알갱이라는 뜻.
수분이 적어 알갱이들이 뭉쳐 있는 형태의
단단한 치즈. 때문에 주로 갈아서 사용한다.
비슷한 성질의 치즈로는 숙성 기간이 조금 더 긴
파르미지아노 레지아노 치즈(파르메산 치즈)가
있으며 두 가지 모두 흔히 조각 케이크
모양으로 판매된다.

• **고다치즈**
네덜란드의 치즈로 부담 없을 정도의
쌉싸래한 맛, 고소한 맛이 난다.
크래커, 빵, 과일 등에 곁들여 간단한 간식이나
안주로 즐기곤 하며, 우리나라 마트에서는
흔히 슬라이스나 큐브 형태로 볼 수 있다.

• **슈레드 피자치즈**
생 모짜렐라 치즈를 압축하고 잘게 자른
가공 치즈. 피자의 토핑으로 많이 활용해
피자치즈라 불린다. 녹였을 때
쭉 늘어나는 것이 특징.

• **그뤼에르 치즈**
스위스 그뤼에르 마을에서 생산되는 치즈.
스위스의 퐁뒤(300쪽)를 전통 방식으로
만들 때 그뤼에르 치즈와 에멘탈 치즈를 반반씩
사용하곤 한다. 숙성 기간이 길어 향이 진하며
맛은 짭조름하면서 구수하다.

• **고르곤졸라 치즈**
이탈리아의 대표적인 치즈로
푸른 곰팡이로 숙성 시켜
톡 쏘는 맛과 향을 가진 블루치즈의 일종이다.

• **체다치즈**
영국의 대표적인 치즈. 현재는 대량 생산하기
때문에 식품 첨가물로 맛을 조절해
순한 맛부터 진한 맛까지 다양하며, 본래는
크림색이나 색소를 넣은 오렌지색도 볼 수 있다.
보통 슬라이스 형태로 판매.

• **생 모짜렐라 치즈**
이탈리아의 치즈로 전통적으로는
물소의 젖으로 만들었으나 최근에는
우유로 제조하고 있다. 숙성 과정을
거치지 않아 신선한 우유 향이 나며
포장지에 소금물과 함께 담겨 판매된다.

기타 가공식품

- **콜비잭 치즈**
미국의 대중적인 치즈인 콜비 치즈,
몬테레이잭 치즈 두 가지를 섞어 가공한 것.
체다치즈와 풍미가 비슷하나 짠맛이 강한 편.
강한 맛이 특징인 멕시코 요리 등에 활용한다.

- **녹말가루(전분가루)**
감자, 옥수수, 고구마 등에 함유된 전분을
가루화 시킨 것. 녹말가루와 물을 섞어
소스의 농도를 되직하게 조절하기도 하고,
튀김 반죽에 넣어 쫀득한 식감을 내기도 한다.
본 책의 요리에는 감자전분을 사용.

- **가쓰오부시**
등푸른 생선인 가다랑어를 훈연한 후
바짝 말려 매우 얇게 간 것.
주로 일본 요리에 감칠맛을 위해 사용하며,
국물을 내거나 완성된 요리에 뿌리곤 한다.

- **파마산 치즈가루**
본래 파르미지아노 레지아노 치즈 간 것을
뜻하는 말. 흔히 통에 담겨 '파마산 치즈가루'라
판매되는 시판 제품은 치즈의 함량은 적고
옥수수가루, 화학조미료 등을 섞어 만든 것이다.
풍미는 덜하지만 사용하기 간편한 것이 장점.

- **드라이 이스트**
빵의 발효를 돕는 효모. 즉 이스트(Yeast)를
건조한 것으로 밀가루, 물과 섞으면 발효를
일으켜 빵을 부풀게 하고 풍미를 더해준다.

- **꽃빵**
밀가루 반죽을 꽃 모양으로 돌돌 감아
만든 중국의 빵. 본래 이름은 화쥐안
(花捲, 화권)이다. 맛이 담백하므로
고추잡채(78쪽)와 같이 짭조름한 요리에
곁들이면 좋다. 보통 냉동 상태로 판매.

- **페타치즈**
그리스의 전통 치즈로 양젖이나 염소젖으로
만든 후 소금물(또는 올리브유)에 담가
숙성 시킨다. 식감은 부드러우며
짭조름하고 강한 풍미가 특징이다.

- **또띠야**
밀가루나 옥수수가루 반죽을 동그랗고
납작하게 만들어 구운 멕시코 음식. 맛이
담백하기 때문에 다양한 요리에 곁들여 먹는다.
냉장이나 냉동 상태, 다양한 크기로 판매.

- **라이스 페이퍼**

쌀가루 반죽을 얇게 펴서 건조 시킨 것.
주로 베트남 요리에 사용되며, 베트남어로
반짱(Bánh tráng)이라 한다. 일반적인 라이스
페이퍼는 미지근한 물에 적셔 사용하지만,
마른 상태 그대로 즐기는 라이스 페이퍼
(반다넴)도 있다. 이는 주로 짜조(142쪽)같은
튀김을 만들 때나, 반쎄오(152쪽)를
싸 먹는 용도로 활용한다.
★ 비교 춘권피 36쪽

- **라자냐**

넓고 납작한 직사각형 모양의 파스타 면으로
이탈리아의 라자냐(226쪽)를 만들 때 사용한다.
주로 건조된 상태로 판매.

- **마카로니**

파스타 면의 일종으로 길이가 매우 짧고
반 잘린 튜브 모양을 띠고 있다.
미국의 맥 앤 치즈(312쪽)를 만드는데 활용.

- **멍빈누들**

전분으로 만든 면. 일명 녹두당면.
쉽게 붇지 않는 것이 특징이다.
태국식 누들 샐러드인 얌운센(126쪽)은
멍빈누들이나 버미셀리를 활용한다.

- **메밀면**

메밀로 만들어 검은빛을 띠는 면으로
생면, 건면 2가지 형태로 판매된다.
일본의 소바(메밀국수)를 만들 때 사용.

- **박고지**

여물지 않은 박의 과육을
긴 끈처럼 자른 후 말린 것.
일본의 지라시스시(56쪽)에 활용.

- **반미**

베트남에서는 쌀가루를 섞어 만든 바게트를
반미라 부른다. 밀가루로만 만든 프랑스식
바게트보다 쫄깃하고 폭식한 식감이 특징.
현재는 이 빵으로 만든 베트남식 샌드위치를
통상적으로 반미(148쪽)라 부르곤 한다.
보통 온라인몰에서 냉동 상태로 구입 가능.

- **반쎄오가루**

베트남식 부침개라 불리는 반쎄오(152쪽)
반죽을 손쉽게 만들 수 있는 제품.
쌀가루, 강황가루 등이 배합되어 있다.

- **버미셀리**
쌀국수면의 일종으로 매우 가는 것을
버미셀리라고 한다. 태국식 누들 샐러드
얌운센(126쪽), 베트남식 비빔 쌀국수
분보남보(140쪽)는 버미셀리로
만드는 것이 특징.

- **병아리콩**
칙피(Chick pea)라고도 불리는 이집트 콩.
울퉁불퉁한 모양이 부리가 있는 병아리 머리와
닮았다 하여 이름 붙여졌다. 물에 불린 후
삶아 사용하며 밤과 비슷한 식감이 특징.
익힌 상태의 통조림으로도 판매된다.
특히 후무스(188쪽), 팔라펠(189쪽)과 같은
중동 요리에 많이 활용.

- **사골육수**
사골육수 맛이 나는 시판 제품.
팩에 액상 형태로 담겨 있는 것이 흔하지만
농축된 형태로 물에 풀어 사용하는 제품도 있다.
무염, 가염이 있으므로 맛을 보고
요리의 간을 가감해야 한다.

살라미

하몽

- **살라미 · 하몽**
살라미는 소시지를 저온에서 바짝 건조 시킨 것.
하몽은 돼지 넓적다리를 소금에 건조, 숙성 시켜
만든 생 햄. 서양에서는 카나페의 재료나
안주로 즐겨 먹는다. 대형 마트의
햄 코너에서 구입 가능.

- **생 소면**
건조하지 않은 소면을 가리킨다.
일반 소면보다는 두껍고 우동면보다는 얇다.
일본의 라멘에 활용하는 면이 이것.

- **손질 해파리**
해파리를 길고 가늘게 채 썰어 소금에 절인
것으로 물에 여러 번 헹궈 짠맛을 충분히 뺀 후
사용해야 한다. 중국의 양장피(88쪽) 등에 활용.

- **스파게티**
파스타 면의 종류 중 가장 대중적인 것.
이탈리아어로 실을 뜻하는 스파고(Spago)
에서 유래한 이름이다. 참고로 스파게티보다
약간 가는 면을 '스파게티니'라고 한다.

- **쌀국수면**
중국과 동남아 지역의 쌀로 만든 면.
굵기가 얇은 것부터 약간 넓은 것까지
3~4가지 종류로 판매된다. 바짝 건조된
상태이므로 물에 불린 후 사용해야 한다.

- **안남미**

찰기가 적고 길쭉한 모양의 쌀로 인디카
쌀(바스마티, 재스민 쌀)이라 불리기도 한다.
밥알을 씹는 식감이 살아 있어 볶음밥 등에
활용하면 좋다. 우리나라에서 주식으로
먹는 멥쌀은 자포니카 쌀인데, 세계적으로는
안남미가 더 대중적인 품종.

- **앤초비**

멸치와 비슷한 작은 생선을 절인 것으로
일명 서양식 멸치 젓갈. 올리브유에 담겨
통조림, 병조림 형태로 판매된다.

- **양장피채**

고구마전분으로 만든 양장피를
2cm 정도의 두께로 썬 제품.
이 양장피를 넣어 만든 해산물 냉채(88쪽)의
요리명으로 통용되기도 한다.

- **오이피클**

오이를 소금, 식초, 설탕, 향신료 등에 절인 것.
보통 슬라이스 형태 또는 미니 오이가 통째로
들어있는 형태 2가지를 볼 수 있다. 후자는
코니숑이란 종의 오이를 가공한 것. 이는
슬라이스 피클보다 더 단단하며 단맛이 적다.

- **올리브**

올리브 나무의 열매로 품종이나 익은 정도에
따라 그린, 블랙올리브로 나뉜다. 소금물,
향신료, 식초 등에 절여 캔이나 병에 담아
판매된다. 가운데 씨를 빼낸 자리에
파프리카를 넣은 제품도 있다.

- **우동면**

밀가루로 만든 하얀 면으로 쫄깃한 식감이 특징.
보통 반 조리한 상태로 판매되므로
끓는 물에 살짝 데쳐 사용한다.

- **잉글리쉬 머핀**

영국식 머핀. 맛은 담백하고, 식감은 촉촉하다.
2등분해 햄이나 치즈 등을 채워
샌드위치처럼 먹곤 한다. 영국의 대표
브런치 메뉴인 에그 베네딕트(288쪽)는
이 빵을 사용하는 것이 특징.

- **춘권피**

중국식 만두인 춘권(144쪽)을 만들 때
사용하는 밀가루 반죽. 둥근 만두피와는
달리 정사각형 모양을 띤다. 비슷한 요리인
베트남의 고이꾸온(134쪽), 짜조(142쪽)는
쌀가루로 만든 라이스 페이퍼를
사용한다는 차이점이 있다.
★**비교** 라이스 페이퍼 34쪽

- **치아바타**
이탈리아어로 슬리퍼를 의미하는데,
마치 빵의 모양이 그리 생겨서 붙여진 이름.
겉은 바삭하고 속은 부드러우면서 쫄깃하다.
샌드위치를 만들 때 활용.

- **피타빵**
그리스, 이스라엘, 터키 등에서 즐겨 먹는
빵으로 납작하고 동그란 모양을 하고 있다.
속이 텅 비어 있는 것이 특징으로 반으로
가른 후 사이에 재료를 채워 샌드위치처럼
먹기도. 중동의 팔라펠(189쪽), 그리스의
수블라키(276쪽)를 이렇게 활용하는 편.

- **통조림 강낭콩**
강낭콩을 토마토 소스에 졸여 만든 요리인
베이크드 빈스(Baked beans)가 통조림 형태로
판매되는 것. 우리나라에서는 부대찌개에
활용하기도 한다.

- **케이퍼**
지중해에서 나는 식물의 꽃봉오리로
유럽에서는 피클로 만들어 즐겨 먹는다.
톡 쏘는 매운맛과 싱그러운 향이 함께 나며
연어 요리에 곁들여 먹는 것으로 알려져 있다.

- **할라페뇨**
청양고추보다 더 매운 멕시코산 고추를
소금, 식초, 향신료 등에 절인 것.
초록색, 노란색 두 가지를 볼 수 있는데,
노란색이 더 매콤한 편이다.

- **통조림 죽순**
대나무의 어린 싹으로 쫄깃한 식감과
담백한 맛이 특징이다. 통조림 형태로 쉽게
구입 가능하며 이는 한 번 삶아진 상태이지만
불순물과 떫은맛을 제거하기 위해
데쳐 사용하는 것이 좋다.

후리가케
후리가케는 '뿌려 먹는다'는 의미의 일본어로
밥, 죽 등에 뿌려 먹는 조미료를 가리킨다.
혼합하는 부재료에 따라 다양한 맛의
제품이 있다. 일본의 오니기리(52쪽),
오차즈케(53쪽) 등에 활용.

- **코코넛 슬라이스**
코코넛 과육을 말린 후
곱게 간 슬라이스 형태의 제품.
대형 마트의 베이킹 코너에서 구입 가능.

낯선 도구 알아보기

도구

• 무쇠냄비
일명 주물냄비. 무거운 뚜껑 덕분에
수증기가 냄비 안에 갇혀 찜 요리나
밥을 지을 때 촉촉하고 윤기 있게 만들 수 있다.
프랑스의 코코뱅(199쪽) 등을 만들 때 활용.

• 빠에야 팬
빠에예라(Paellera)라 불리는 팬으로
스페인의 빠에야(266쪽)를 만들 때 사용.
팬의 크기는 지름 30cm 이상, 두께는 얇고,
깊이는 얕으며, 손잡이가 양쪽에 달려 있다.
열이 고르게 닿고, 증발이 잘 되어
쌀이 골고루 익을 수 있는 구조인 것.

• 돌절구
재료를 으깰 때 사용하는 도구로
동남아 지역의 요리에 종종 쓰인다. 태국의
쏨땀(124쪽)은 모든 재료를 절구에 빻아가며
만드는 것이 특징으로 이를 만들 때 유용.

• 무쇠팬
열전도율이 높아 음식을 오랫동안
따뜻하게 유지시켜주며, 오븐 조리가
가능해 더욱 유용하다. '롯지팬'이라는
제품의 이름이 고유명사처럼 알려져 있기도.
이스라엘의 샥슈카(192쪽),
스페인의 감바스 알 아히요(264쪽),
미국의 맥 앤 치즈(312쪽) 등을 만들 때 활용.

• 스퀴저
레몬, 라임, 오렌지 등 시트러스 과일의
즙을 짜는 도구. 과일을 반으로 썰어
뾰족한 부분에 대고 비틀면 된다.

• 매셔
삶은 감자, 고구마 등을 곱게 으깨는 도구.
매쉬드 포테이토(285쪽)를 만들 때
활용하면 편리하다. 없다면 포크나
숟가락으로 대체해도 좋다.

- **오니기리 틀**
일본식 주먹밥 오니기리(52쪽)를
삼각형 모양으로 만들기 위해 사용하는 틀.
천원숍에서 쉽게 구입 가능.

- **치즈 그레이터**
단단한 덩어리 치즈를 손쉽게 갈 수 있는 강판.
오돌토돌한 부분에 치즈를 대고
위아래로 움직이면 된다.

- **중탕볼**
스테인리스 재질의 볼에 손잡이가 달려 있는 것.
소스(290쪽) 등을 중탕해 만들 때 유용.
베이킹 관련 온라인몰에서 구입 가능하다.

- **와사비 강판**
생 와사비를 갈 때 사용하는 강판으로
손바닥보다도 작은 크기이다. 소량의 생강을
갈 때에도 유용. 시중에는 보통 스테인리스,
상어가죽 2가지 재질의 제품이 있다.

- **파니니그릴**
핫 샌드위치의 일종인 파니니를 만드는 그릴.
위아래 양면에서 열전도가 되며,
샌드위치를 올리고 꼭 눌러 사용한다.
쿠바 샌드위치(340쪽)를 만들 때 활용하기도.

- **채칼**
무, 당근, 감자 등 단단한 채소를 채 썰 때
사용하는 도구. 채소의 양이 많거나
가늘고 일정하게 썰어야 할 때 유용하다.

- **자완무시 그릇**
일본식 계란찜 자완무시(60쪽)를 만드는
찻잔 크기의 그릇. 뚜껑이 한 세트이며
뚜껑을 덮으면 도토리 모양과 비슷하다.
찻잔, 밥그릇, 국그릇으로도 사용 가능.

- **페퍼밀**
통후추를 필요할 때마다 즉석에서
갈아 쓸 수 있는 후추갈이. 시판 통후추 제품 중
뚜껑에 그라인더가 부착된 제품도 있다.

일본 ——— 마음만 먹으면 언제든지 떠날 수 있을 정도로 가까운 일본.

때문에 아는 요리도, 맛본 요리도 많을 거예요.

심야식당 분위기의 가게에서 맥주 한 잔과 먹었던 야키소바,

홀로 떠난 여행에서 고독한 미식가처럼 즐겼던 덮밥,

간판 없는 작은 식당에서 만난 소박한 오니기리까지.

추억 속의 맛이 떠오를 때마다 이 페이지를 펼쳐보세요!

pan

가라아게
からあげ

"

흔히 닭튀김으로
알려져 있으나 본래 문어, 생선,
채소 등 다양한 재료를 활용하는
가라아게. 두꺼운 튀김옷 대신
전분가루를 가볍게 묻혀 튀기는 것이
특징. 달걀을 더하면 좀 더 폭신한
식감을 낼 수 있다. 레몬즙을
뿌려 먹는 것도 추천!

- 닭다릿살 300g
- 양배추 2장(60g)
- 달걀 1개
- 감자전분 1/2컵(70g) + 3큰술
- 식용유 5컵(1ℓ)

대파 소스
- 대파(흰 부분) 10cm
- 설탕 1과 1/2큰술
- 양조간장 3큰술
- 식초 2큰술
- 참기름 1큰술
- 다진 생강 1작은술

밑간
- 청주(또는 소주) 1큰술
- 굴소스(또는 양조간장) 1작은술
- 소금 약간
- 후춧가루 약간

1 볼에 감자전분 1/2컵, 물(1컵)을 섞는다. 1시간 동안 둔 후 전분이 가라앉으면 윗물만 살살 따라 버린다.

2 양배추, 대파 소스 재료의 대파는 가늘게 채 썬다.

3 닭다릿살은 한입 크기로 썬 후 밑간 재료와 버무린다.

4 ①의 가라앉은 전분에 달걀을 섞는다.

5 위생팩에 닭다릿살, 감자전분 3큰술을 넣고 섞은 후 ④에 넣어 묻힌다.

6 깊은 팬에 식용유를 넣고 170℃로 끓인다. ⑤를 넣고 중간 불에서 4~5분간 노릇하게 튀긴 후 체에 밭쳐 기름기를 뺀다.
★ 기름 온도 확인하기 18쪽

7 센 불에서 1~2분간 한 번 더 튀긴 후 체에 밭쳐 기름기를 뺀다.
★ 두 번 튀기면 더 바삭하다.

8 그릇에 양배추를 깔고 튀긴 닭을 올린다. 대파 소스 재료를 섞어 곁들인다.
★ 닭, 양배추를 소스에 찍어 먹는다.

나가사키짬뽕
長崎ちゃんぽん

" 나가사키는 일본의
개항지였던 만큼 다양한
나라의 요리가 발달했다. 그중
중화요리집에서 시작된 메뉴가
바로 나가사키 짬뽕인 것. 부재료를
듬뿍 넣어 푸짐하게 끓이는 것이
특징이며, 고추를 더하면
우리 입맛에도 잘 맞다.

**낯선 재료
대체하기**

우동면 ▶ 라면사리

쫄깃한 식감이 특징인 우동면. 보통 반조리된 상태로
판매되므로 끓는 물에 살짝 삶아 사용한다.
식감은 덜해지지만 라면사리 1개로 대체해도 좋다.

- 우동면 2팩(400g)
  ▶ 낯선 재료 대체하기 44쪽
- 숙주 2줌(100g)
- 홍합 약 15~20개
  (또는 모시조개 1봉, 300g)
- 모둠 해물 200g
  (새우, 오징어 등)
- 모둠 채소 200g
  (양배추, 양파, 대파 등)
- 청양고추 2개(생략 가능)
- 베트남 고추 5개

- 다진 마늘 1큰술
- 청주(또는 소주) 1큰술
- 국간장 1큰술
- 굴소스 2큰술

국물
- 시판 사골국물 2와 1/2컵
  (무염, 500㎖)
- 물 2와 1/2컵(500㎖)

Tip

베트남 고추
청양고추는 즙이 있어
단맛이 함께 느껴지는 반면
베트남 고추는 말린 것이라
즙이 거의 없어 매운맛이 강한 편.
손으로 대강 부숴 씨를 함께 넣으면
매운맛이 더 강해진다.

1 홍합은 수염을 잡아당겨
떼어낸다. 껍데기끼리 비벼가며
불순물을 제거한다.

2 체에 밭쳐 헹군 후 물기를 뺀다.

3 모둠 채소는 굵게 채 썰고,
청양고추는 송송 썬다.

4 끓는 물에 우동면을 넣고
센 불에서 젓지 않고 2분간 끓인다.
체에 밭쳐 헹군 후 물기를 뺀다.
★ 면을 휘저으면 끊어지므로
그대로 삶는다.

5 깊은 팬을 달궈 베트남 고추,
다진 마늘, 홍합, 모둠 해물, 청주를
넣고 중간 불에서 2분간 볶는다.

6 모둠 채소, 국간장, 굴소스를 넣고
센 불에서 1~2분간 채소의
숨이 죽을 때까지 볶는다.
★ 시판 사골국물이 가염일 경우
국간장, 굴소스의 양을 줄인다.

7 국물 재료를 넣고 끓어오르면
3~4분간 끓인다.

8 삶은 우동면, 청양고추를 넣고
2분간 끓인 후 숙주를 넣는다.

사케동
さけどん

"

갓 지은 밥과 신선한
연어만 있으면 쉽게 만들 수
있는 덮밥. 아삭한 채소를 얇게
썰어 곁들이면 더욱 맛있게
즐길 수 있다. 간장과 와사비는
밥에 비비지 않고 젓가락으로
재료 위에 조금씩 올려가며
먹는 것이 정석.

규동

牛丼

"

일본식 덮밥은
'돈부리'라 하며 '~동'으로 줄여
부르기도 한다. 주재료에 따라
닭고기덮밥은 '오야코동', 돈가스덮밥은
'가츠동', 쇠고기덮밥은 '규동'으로
부른다. 정통 규동은 쇠고기만을 졸여
얹는데, 달걀을 풀어 부드럽게
개발했다. 정확히 말하자면
'규토지동'인 것.

사케동

25~30분(+ 멥쌀 불리기 30분) / 2인분

- 생 연어 1토막(약 200g)
- 마 지름 5cm, 길이 7cm
  (또는 슬라이스 양파 1/2개, 100g)
- 멥쌀 2컵(불리기 전, 320g)
- 물 2컵(400㎖)
- 다시마 10×10cm
- 청주(또는 소주) 1큰술

배합초
- 설탕 1큰술
- 식초 3큰술
- 소금 1작은술
- 슬라이스 레몬 2조각(생략 가능)

소스
- 양조간장 2큰술
- 생 와사비 약간

마
미끈거리면서 사각거리는 식감이 특징인 뿌리 채소. 갈아서 생으로 먹기도 하며, 일본 요리에 많이 활용한다.

생 와사비
일본의 향신 채소로 뿌리의 껍질을 벗겨 전용 강판(39쪽)에 갈아 사용한다. 갈린 형태의 시판 제품으로도 구입 가능.

1 멥쌀은 체에 밭쳐 헹군 후 그대로 30분간 둔다.

2 냄비에 멥쌀, 물, 다시마, 청주를 넣는다. 센 불에서 끓어오르면 약한 불로 줄여 뚜껑을 덮고 10분간 익힌다. 불을 끄고 그대로 10분간 뜸을 들인다.

3 볼에 배합초 재료를 섞어 5분간 둔 후 레몬은 건져낸다.

4 연어는 결 반대 방향으로 1cm 두께로 썬다.

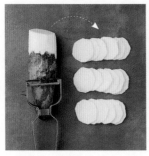

5 마는 위생장갑을 끼고 필러로 껍질을 벗긴 후 얇게 편 썬다.
★ 마는 맨손으로 만지면 가려움증을 유발할 수 있으므로 주의한다.

6 완성된 밥은 뜨거울 때 넓은 그릇에 담는다. ③의 배합초를 넣고 밥알이 뭉개지지 않도록 숟가락 날로 살살 펼쳐가며 한 김 식힌다.

7 그릇에 밥, 마, 연어를 나눠 담는다. 작은 볼에 소스 재료를 섞지 않고 담는다. 와사비, 간장을 조금씩 끼얹어가며 먹는다.

규동

20~25분 / 2인분

- 쇠고기 불고기용 200g
- 따뜻한 밥 2공기(400g)
- 쪽파 3줄기
- 양파 1개(200g)
- 달걀 1개

소스
- 맛술 2큰술
- 양조간장 1과 1/2큰술
- 참치액젓 1큰술
- 설탕 1작은술
- 물 1과 1/2컵(300㎖)
- 후춧가루 약간

참치액젓
가쓰오부시 숙성액, 표고버섯, 무, 천일염 등을 섞어 만든 액젓. 가쓰오부시 특유의 풍미를 느낄 수 있으므로 일본 요리 중 주로 국물, 조림류에 활용한다.

1 쇠고기는 키친타월로 핏물을 없앤다.

2 쪽파는 4cm 길이로 썰고, 양파는 가늘게 채 썬다. 볼에 달걀을 푼다.

3 팬에 소스 재료를 넣고 중간 불에서 끓어오르면 쇠고기를 넣고 풀어가며 1~2분간 볶는다.

4 쪽파, 양파를 넣고, 달걀물을 돌려가며 넣은 후 뚜껑을 덮어 그대로 3~4분간 자작하게 끓인다.

5 그릇에 밥, ④를 나눠 담는다.
★ 팬에 남은 소스는 간을 본 후 더해가며 먹는다.

야키소바
やきそば

> '야키'는 굽다, '소바'는
> 메밀을 뜻한다. 해석하면
> 메밀 볶음면을 말하지만
> 어떤 면을 사용해도 무방하므로
> 취향에 따라 활용할 것.
> 야키소바 전문점에서는 재료를
> 철판에서 센 불로 볶아 불맛을
> 입히곤 한다.

낯선 재료 대체하기

우스터소스 ▶ 굴소스 또는 돈가스소스
영국의 우스터 지방에서 유래한 소스로
앤초비, 식초, 설탕, 각종 향신료를 섞어 발효 시킨 것.
톡 쏘는 신맛과 달콤한 맛이 함께 난다.
동량의 굴소스 또는 돈가스소스로 대체해도 좋다.

- 생 메밀면 300g
- 냉동 생새우살 5마리(75g)
- 대패 삼겹살(또는 불고기용) 100g
- 대파(흰 부분) 10cm
- 양파 1/2개(100g)
- 양배추 1장(30g)
- 숙주 1줌(50g)
- 식용유 1큰술 + 1큰술
- 소금 약간
- 후춧가루 약간
- 마요네즈 2큰술
- 가쓰오부시 1줌(5g)

소스
- 설탕 1/2큰술
- 양조간장 1/2큰술
- 우스터소스 2큰술
  ➡ 낯선 재료 대체하기 50쪽
- 굴소스 1작은술
- 토마토케첩 1작은술

Tip

가쓰오부시
등푸른 생선인 가다랑어를
훈연한 후 바짝 말려 매우 얇게 간 것.

면 사용하기
메밀면은 생면, 건면 2가지 형태로
판매하며 건면일 경우
2줌(140g)을 사용한다.
동량의 우동면, 생 소면으로
대체해도 좋다.

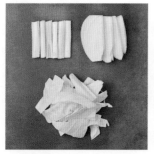

1 대파, 양파, 양배추는
  굵게 채 썬다.

2 냉동 생새우살은
  찬물에 담가 해동한다.

3 소스 재료를 섞는다.

4 끓는 물(5컵)에 메밀면을 넣고
  3분간 삶는다.
  체에 밭쳐 헹군 후 물기를 뺀다.

5 달군 팬에 식용유 1큰술,
  대파, 양파, 양배추, 숙주를 넣고
  센 불에서 1~2분간 볶은 후
  덜어둔다.

6 달군 팬에 식용유 1큰술,
  생새우살, 대패 삼겹살,
  소금, 후춧가루를 넣고
  중간 불에서 2~3분간 볶는다.

7 삶은 메밀면을 넣어 1분간 볶은 후
  재료를 팬 한쪽으로 밀어둔다.
  ③의 소스를 넣고 끓어오르면
  ⑤의 채소를 넣고 골고루 섞는다.

8 그릇에 나눠 담은 후
  마요네즈를 뿌리고
  가쓰오부시를 올린다.

오니기리
おにぎり

''

'오니기리'는 일본식
주먹밥으로 '쥐다'라는 뜻을
가진 '니기리'에서 유래된 이름.
속재료에 따라 종류는 수없이
만들 수 있다. 짭조름한 간장 소스를
발라 구워 겉은 바삭, 속은 촉촉한
야키 오니기리로 한 단계
업그레이드해보자.

오차즈케
お茶漬け

"

'오차즈케'는 '녹차'라는
뜻의 '오차'와 '담그다'라는 뜻의
'쓰케루'의 조합. 녹차에 밥을
말아먹는 메뉴로 짭조름한 맛의
명란젓, 김, 우메보시, 후리가케 등을
고명으로 올려 먹으면 더 맛있다.
흰 쌀밥 대신 구운 오니기리에
녹차를 부어먹어도 좋다.

오니기리

30~35분 / 2개분

- 다진 쇠고기 100g
- 따뜻한 밥 2공기(400g)
- 후리가케 3큰술
- 가쓰오부시 1큰술
- 식용유 1큰술 + 약간
- 참기름 약간

밑간
- 설탕 1/2큰술
- 맛술 1/2큰술
- 양조간장 1/2큰술
- 후춧가루 약간

소스
- 설탕 1/2큰술
- 물 2큰술
- 양조간장 2큰술
- 청주(또는 소주) 1큰술
- 올리고당 1큰술
- 다진 생강 1/2작은술

Tip

후리가케
'뿌려 먹는다'는 의미의 일본어로 밥, 죽 등에 뿌려 먹는 조미료이다. 혼합하는 부재료에 따라 다양한 맛의 제품이 있다. 시중에서 쉽게 구입 가능.

1 다진 쇠고기는 키친타월로 핏물을 없앤 후 밑간 재료와 버무린다. 다른 볼에 소스 재료를 섞는다.

2 볼에 밥, 후리가케를 넣고 섞은 후 4등분한다.
★ 후리가케는 제품의 염도에 따라 양을 가감한다.

3 달군 팬에 식용유 1큰술, ①의 쇠고기를 넣고 중간 불에서 2~3분간 볶은 후 덜어둔다.

4 달군 팬에 ①의 소스를 넣고 중간 불에서 끓어오르면 가쓰오부시를 넣고 1분간 향이 우러날 때까지 끓인 후 건더기는 대강 건져낸다.

5 오니기리 틀에 랩을 밀착시킨 후 밥 1/4 분량을 깐다. 가운데에 볶은 쇠고기 1/2분량을 올린다.
★ 틀이 없다면 손으로 모양을 잡아줘도 된다.

6 밥 1/4분량을 넣고 꾹 눌러 모양을 만든다. 랩을 오므려 꺼내 그대로 감싸둔다. 같은 방법으로 1개 더 만든다.

7 달군 팬에 식용유 약간, 참기름을 넣고 섞은 후 오니기리를 올린다. 중간 불에서 앞뒤로 각각 2~3분씩 굽는다.

8 약한 불에서 앞뒤로 소스를 바르고 뒤집어가며 5분간 노릇하게 굽는다.

오차즈케

10~15분 / 1인분

- 따뜻한 밥 1공기(200g)
- 저염 명란젓 1개(큰 것, 40g)
- 말린 녹차잎 1큰술
  (또는 녹차가루 1~2큰술, 녹차티백 1개)
- 따뜻한 물 1과 1/2컵(300㎖)
- 참기름 1큰술
- 후리가케 약간(또는 김가루, 통깨)

Tip

저염 명란젓
오차즈케에는 일반 명란젓보다
염도가 낮은 저염 명란젓을
사용해야 녹차의 향이 잘 느껴진다.
대형 마트보다 온라인몰에서
더 쉽게 구입 가능. 일반 명란젓일
경우 굽기 전에 살짝 삶거나
찬물에 잠시 담갔다가 사용한다.

1 따뜻한 물에 녹차잎을 넣고
5분간 우린 후 건더기를
체에 걸러낸다.

2 달군 팬에 참기름, 명란젓을 넣고
약한 불에서 굴려가며
1분간 굽는다.

3 한입 크기로 썬다.

4 그릇에 밥을 담고, 우린 녹차를
적당량 붓는다. ★ 남은 녹차는
먹으면서 조금씩 더한다.

5 구운 명란젓을 올리고
후리가케를 뿌린다.

'지라시'는 '흩뿌리다'라는
의미로 그릇에 초밥을 넓게 깔고
그 위에 여러 가지 재료를 흩뿌린
형태이다. 다양한 색깔의 재료를
사용해야 먹음직스러우며,
생선회를 올려 먹는 경우가 많지만
좀 더 간편하게 즐길 수 있도록
새우를 사용했다.

"

지라시스시
ちらしずし

★ 후토마키, 방울초밥 만들기 58쪽

57

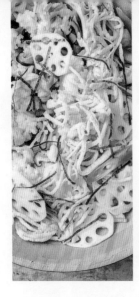

지라시스시

40~45분(+ 표고버섯 불리기 20분) / 2~3인분 / 표고버섯 박고지조림 냉장 7일

- 멥쌀 2컵(불리기 전, 320g)
- 냉동 생새우살 7마리(약 100g)
- 물 2컵(400㎖)
- 청주(또는 소주) 1큰술
- 다시마 5×5cm
- 식용유 1/2큰술

달걀지단
- 달걀 2개
- 설탕 1작은술
- 참치액젓 1작은술

배합초
- 설탕 1큰술
- 식초 3큰술
- 소금 1작은술

표고버섯 박고지조림
- 말린 표고버섯 5개(15g)
- 박고지 20cm 10개
  ▶ 낯선 재료 대체하기 58쪽
- 설탕 1큰술
- 양조간장 1큰술
- 맛술 1큰술
- 표고버섯 불린 물 1컵(200㎖)

연근 초절임
- 연근 지름 5cm, 길이 3cm(50g)
- 설탕 1과 1/2큰술
- 식초 3큰술
- 물 1/4컵(50㎖)
- 소금 약간

Tip

후토마키 만들기
속재료를 두툼하게 넣은 것이
특징인 일본식 김초밥.
김에 과정 ⑩의 밥, 데친 시금치,
과정 ②의 표고버섯 박고지조림,
두툼한 달걀말이를 넣고 돌돌 만다.

방울초밥 만들기
지라시스시의 재료를 간소화해
방울초밥을 만들어도 좋다.
과정 ⑩의 밥을 한입 크기로
동그랗게 빚는다. 랩에 과정 ⑧의
새우, 밥을 올린 후 감싸 모양을
잡는다. 새우 대신 오이, 연어, 문어
등 다양한 재료를 사용해도 좋다.

낯선 재료 대체하기

박고지 ▶ 우엉
여물지 않은 박의 과육을 긴 끈처럼
자른 후 말린 것. 우엉 40cm를
얇게 어슷 썰어 대체해도 좋다.

1 볼에 따뜻한 물, 말린 표고버섯을 넣고 20분간 불린 후 기둥을 떼어낸다. 이때, 불린 물 1컵은 따로 둔다. 박고지는 따뜻한 물에 5분간 담가둔 후 물기를 뺀다.

2 냄비에 표고버섯 박고지조림 재료를 모두 넣고 뚜껑을 덮는다. 중간 불에서 10분, 약한 불로 줄여 8~10분간 졸인다.

3 연근은 필러로 껍질을 벗긴다. 최대한 얇게 썬 후 찬물에 담가둔다.

4 끓는 물(2컵) + 식초(약간)에 연근을 넣고 1분 30초간 데친 후 찬물에 헹궈 물기를 뺀다. 연근 초절임 재료를 모두 섞어 20분간 둔다.

5 멥쌀은 체에 밭쳐 헹군 후 그대로 30분간 둔다. 냉동 생새우살은 찬물에 담가 해동한다.

6 냄비에 멥쌀, 물, 청주, 다시마를 넣는다. 센 불에서 끓어오르면 약한 불로 줄여 뚜껑을 덮고 10분간 익힌다. 불을 끄고 그대로 10분간 뜸을 들인다.

7 달걀지단 재료를 섞어 체에 내린다. 달군 팬에 식용유를 두른 후 달걀물을 붓고 중약 불에서 앞뒤로 각각 1~2분씩 익힌 다음 채 썬다.

8 끓는 물(2컵)에 생새우살을 넣어 1~2분간 데친다. 체에 밭쳐 물기를 뺀 후 저며 2등분한다.

9 ②의 표고버섯 2개는 채 썰고, 박고지 4개는 잘게 다진다. 볼에 배합초 재료를 섞는다.
★ 남은 표고버섯 박고지조림은 반찬으로 즐겨도 좋다.

10 완성된 밥은 뜨거울 때 넓은 그릇에 담는다. ⑨의 배합초를 넣고 밥알이 뭉개지지 않도록 숟가락 날로 살살 펼쳐가며 한 김 식힌다.

11 ⑨의 표고버섯 박고지조림을 넣고 섞는다.

12 그릇에 담은 후 달걀지단, 연근 초절임, 새우를 올린다.
★ 삶은 그린빈, 무순, 날치알 등으로 장식해도 좋다.

자완무시
ちゃわんむし

" 연두부처럼 부드러운
식감을 자랑하는 일본식 달걀찜.
달걀물이 많이 부풀지 않도록
약한 불에서 쪄낸 후 충분히 뜸을
들이는 것이 중요하다. 자완무시용
전용 그릇도 있지만 내열이 가능한
작은 그릇이나 찻잔을
활용해도 좋다.

낯선 재료
대체하기

말린 표고버섯 ▶ 다른 버섯

말린 표고버섯은 생 표고버섯보다 향이 짙고,
더욱 쫄깃하다. 고명으로 소량 사용하는 것이므로
동량의 다른 버섯으로 대체해도 좋다.

- 달걀 2개
- 말린 표고버섯 1개(3g)
  ▶ 낯선 재료 대체하기 60쪽
- 냉동 생새우살 3마리(45g)

국물
- 다시마 10×10cm
- 국간장 1/4작은술
- 맛술 1작은술
- 물 1과 1/2컵(300㎖)
- 소금 약간

자완무시용 그릇
내열 기능이 있고,
뚜껑이 한 세트로 구성된 그릇.
찻잔 크기이며 뚜껑을 덮으면
도토리 모양과 비슷하다. 찻잔,
국그릇, 밥그릇 등으로도 활용.

1 국물 재료의 다시마, 물을 섞어 30분간 둔 후 다시마는 건져낸다. 냉동 생새우살은 찬물에 담가 해동한다.

2 볼에 따뜻한 물, 말린 표고버섯을 넣고 20분간 불린 후 기둥을 떼어낸다.

3 표고버섯은 물기를 꼭 짠 후 가늘게 채 썬다. 생새우살은 저며 2등분한다.

4 볼에 달걀을 풀고, ①의 다시마물, 국간장, 맛술, 소금과 섞은 후 체에 내린다.

5 자완무시용 그릇에 ④를 나눠 담는다. 이때, 그릇의 60%까지만 채운다. ★ 내열이 가능한 컵 또는 오목한 그릇을 사용해도 좋다.

6 김이 오른 찜기에 ⑤를 넣고 젖은 면보를 씌운 후 뚜껑을 덮는다. 약한 불에서 12~15분간 익힌다.

7 표고버섯, 생새우살을 올린 후 다시 젖은 면보, 뚜껑을 덮고 3분간 익힌다. 불을 끈 후 그대로 3분간 뜸을 들인다. ★ 참나물, 차조기, 무순, 허브 등으로 장식해도 좋다.

오코노미야키
お好み焼き

"

1923년, 관동 대지진 이후
식량이 부족하게 되자 적은 양을
불려서 먹을 음식이 필요했고, 그때
밀가루 반죽에 각종 재료를 넣어 구운
것이 오코노미야키의 시초. 현재 흔히
볼 수 있는 것은 해산물, 고기, 참마
간 것을 반죽에 섞어 파전처럼
구운 오사카풍이다.

오코노미야키

25~35분 / 지름 20cm, 두께 1cm 1장분

- 오징어 1/2마리(손질 후 90g)
- 대패 삼겹살 100g
  (또는 베이컨 4줄, 60g)
- 냉동 생새우살 4마리(60g)
- 양배추 2장(60g)
- 양파 1/4개(50g)
- 식용유 1큰술 + 2큰술
- 가쓰오부시 1줌(5g)
- 소금 약간
- 통후추 간 것 약간

반죽
- 마 지름 5cm, 길이 7cm(100g)
  ▶ 낯선 재료 대체하기 64쪽
- 달걀 2개
- 물 3큰술
- 부침가루 1컵(100g)
- 소금 약간

오코노미 소스
▶ 낯선 재료 대체하기 64쪽
- 마요네즈 3큰술
- 토마토케첩 3큰술
- 우스터소스 1큰술

요거네즈 소스
▶ 낯선 재료 대체하기 64쪽
- 설탕 1/4큰술
- 마요네즈 5큰술
- 떠먹는 플레인 요구르트 1/2통
  (약 40g)

Tip

가쓰오부시
등푸른 생선인 가다랑어를
훈연한 후 바짝 말려
매우 얇게 간 것.

소스통 활용하기
소스를 끝이 뾰족한 통에
담아 뿌리면 더 먹음직스러운
오코노미야키를 완성할 수 있다.
천원숍에서 구입 가능.

**낯선 재료
대체하기**

마 ▶ 부침가루
점액질이 풍부한 마를 오코노미야키 반죽에 갈아 넣으면
부침가루의 양을 줄이고 동시에 농도 맞추기, 풍미 더하기가 가능하다.
생략할 경우 부침가루의 양을 되직해질 때까지 늘린다.

오코노미 소스, 요거네즈 소스 ▶ 돈가스소스, 마요네즈
시판 소스로 대체해도 좋다.
오코노미 소스 대신 돈가스소스로,
요거네즈 소스 대신 마요네즈로 대체 가능하다.

1 볼에 2가지 소스 재료를 각각 섞는다.

2 양배추, 양파는 가늘게 채 썬다.

3 오징어는 가위로 몸통을 갈라 내장이 붙은 다리를 잡아당겨 떼어낸다. 몸통에 붙은 투명한 뼈를 제거한다.

4 가위로 다리에 붙은 내장, 입을 제거한다. 흐르는 물에서 손가락으로 다리를 훑어가며 빨판을 제거한다.

5 오징어(1/2마리), 대패 삼겹살은 1cm 두께로 썬다. 냉동 생새우살은 찬물에 담가 해동한다.

6 생새우살은 한입 크기로 썬다.

7 달군 팬에 식용유 1큰술, 오징어, 대패 삼겹살, 생새우살, 소금, 통후추 간 것을 넣고 센 불에서 2~3분간 볶은 후 덜어둔다.

8 반죽 재료의 마는 위생장갑을 낀 후 필러로 껍질을 벗기고 강판에 간다. ★ 마는 맨손으로 만지면 가려움증을 유발할 수 있으므로 주의한다.

9 볼에 양배추, 양파, ⑦, 간 마, 나머지 반죽 재료를 넣고 섞는다.

10 달군 팬에 식용유 2큰술을 두른 후 반죽을 넣어 1cm 두께로 도톰하게 펼친다. 아랫면이 노릇하게 익을 때까지 중약 불에서 4~5분간 굽는다.

11 뒤집어 3~4분간 노릇하게 구운 후 오코노미 소스를 뿌린다. 뒤집어 오코노미 소스를 한 번 더 뿌린 후 불을 끈다.

12 그릇에 담고 요거네즈 소스를 뿌린 후 가쓰오부시를 올린다. ★ 소스의 양은 기호에 따라 조절한다.

통삼겹살을 활용한
일본식 장조림. 시간이
많이 걸린다는 단점이 있지만
번거로운 과정이 없어 일품요리로도,
반찬으로도 요긴하게 즐길 수 있다.
일본에서는 '소송채(小松菜,
코마츠나)'라는 채소를
곁들여 먹는데 이는 시금치로
대신했다.

"

부타노카쿠니
豚の角煮

- 통삼겹살 600g
- 삶은 달걀 3개
- 시금치 1줌(또는 참나물, 50g)
- 설탕 1큰술
- 연겨자 약간

양념
- 생강즙 1작은술
- 맛술 1/4컵(50㎖)
- 양조간장 1/4컵(50㎖)

표고버섯 다시마물
- 말린 표고버섯 1개(3g, 생략 가능)
- 다시마 10×10cm
- 물 1컵(200㎖)

고기 삶을 물
- 대파 10cm 3대
- 생강 1톨(5g)
- 통후추 1작은술
- 청주 1/3컵(또는 소주 5큰술, 약 70㎖)
- 물 6컵(1.2ℓ, 냄비 크기에 따라 가감)

Tip

달걀 삶기
끓는 물(4컵)에 식초(1큰술), 소금(1작은술), 달걀을 넣고 중간 불에서 10분간 완숙으로 삶는다. 찬물에 담가 식힌 후 껍데기를 벗긴다.

생강즙 만들기
잘게 다진 생강을 젖은 면보나 젖은 키친타월에 올려 꼭 짠다. 잘 짜지지 않는다면 물 약간을 더한다.

1 볼에 표고버섯 다시마물 재료를 넣고 30분간 우린 후 건더기를 건져낸다.

2 냄비에 통삼겹살이 잠길 만큼의 물을 넣고 끓어오르면 통삼겹살을 넣는다. 다시 끓어오르면 통삼겹살을 건져내고 물을 버린다.

3 냄비에 고기 삶을 물 재료, ②의 통삼겹살을 넣는다. 센 불에서 끓어오르면 뚜껑을 덮고 약한 불로 줄여 20분간 삶는다.

4 통삼겹살을 건져 따뜻한 물로 기름기를 씻어내고 2~3cm 두께로 썬다. 이때, 고기 삶은 물은 버리지 않고 따로 둔다.

5 냄비에 고기, 삶은 달걀, 양념 재료, ①을 넣는다. 재료가 자작하게 잠길 정도로 ④의 고기 삶은 물을 더한 후 끓어오르면 중간 불에서 15~20분, 설탕을 넣고 3분간 졸인다.

6 끓는 물(3컵) + 소금(약간)에 시금치를 넣고 1분간 데친다. 찬물에 헹궈 물기를 짠 후 2등분한다.

7 그릇에 고기, 삶은 달걀, 시금치를 담고 냄비에 남은 양념 1~2큰술을 끼얹는다. 연겨자를 곁들인다.

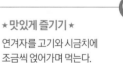

★ 맛있게 즐기기 ★
연겨자를 고기와 시금치에 조금씩 얹어가며 먹는다.

치킨난반
チキン南蛮

일본의 미야자키현에서
가라아게를 즐기는 새로운
방식이다. 튀긴 닭을 새콤달콤한
식초 소스에 적신 후 타르타르
소스를 뿌려 먹는 요리로
가늘게 채 썬 양배추를 곁들여도
좋고, 따뜻한 밥과 한 끼 식사로
즐겨도 제격이다.

- 닭다릿살 400g
- 밀가루 3큰술
- 달걀 2개
- 식용유 5컵(1ℓ)

밑간
- 청주(또는 소주) 1큰술
- 소금 약간
- 후춧가루 약간

타르타르 소스
- 삶은 달걀 1개
- 양파 1/4개(50g)
- 마요네즈 5큰술

식초 소스
- 설탕 1과 1/2큰술
- 식초 3큰술
- 양조간장 2큰술

Tip

달걀 삶기
끓는 물(4컵)에 식초(1큰술), 소금(1작은술), 달걀을 넣고 중간 불에서 10분간 완숙으로 삶는다. 찬물에 담가 식힌 후 껍데기를 벗긴다.

1 타르타르 소스 재료의 삶은 달걀은 포크로 으깨고 양파는 잘게 다진다.

2 볼에 2가지 소스 재료를 각각 섞는다.

3 닭다릿살은 한입 크기로 썬 후 밑간 재료와 버무린다.

4 볼에 달걀을 푼다. 닭다릿살에 밀가루 → 달걀물 순으로 반죽을 입힌다.

5 깊은 팬에 식용유를 넣고 180℃로 끓인다. ④를 넣고 중간 불에서 4~5분간 노릇하게 튀긴 후 체에 밭쳐 기름기를 뺀다.
★ 기름 온도 확인하기 18쪽

6 센 불에서 1~2분간 한 번 더 튀긴 후 체에 밭쳐 기름기를 뺀다.
★ 두 번 튀기면 더 바삭하다.

7 튀긴 닭은 뜨거울 때 식초 소스에 넣어 1~2분간 버무려 둔 후 건져낸다. 그릇에 담고 타르타르 소스를 곁들인다.

★ 맛있게 즐기기 ★
❶ 가늘게 채 썬 양배추를 곁들이면 더 푸짐하고, 담백하게 즐길 수 있다. 이때, 양배추에도 타르타르 소스를 끼얹을 것.
❷ 덮밥으로 즐겨도 좋다.

스키야키
すき焼き

> **"**
> 육수에 쇠고기를 넣었다
> 바로 건져 먹는 샤부샤부와 달리
> 스키야키는 구운 고기와 각종 재료,
> 국물을 한 번에 끓여 먹는 전골이다.
> 타레 소스(たれ; 간장, 설탕, 맛술을
> 혼합한 것)의 짭조름한 맛이 밴
> 재료를 달걀노른자에 찍어 먹으면
> 더 고소하게 즐길 수 있다.

스키야키

45~50분 / 2~3인분

- 쇠고기 불고기용 300g
- 양파 1/2개(100g)
- 모둠 버섯 200g
- 알배기배추 3장(90g)
- 대파 10cm
- 달걀노른자 2개

국물
- 국물용 멸치 15마리
- 다시마 10×10cm
- 청주(또는 소주) 1큰술
- 물 5컵(1ℓ)
- 가쓰오부시 4줌(20g)

새우완자
- ▶ 낯선 재료 대체하기 72쪽
- 냉동 생새우살 13마리(약 200g)
- 달걀흰자 2개
- 찹쌀가루 3큰술
- 소금 약간
- 감자전분 3큰술

소스
- 설탕 1/2큰술
- 양조간장 1과 1/2큰술
- 맛술 1큰술

Tip

가쓰오부시
등푸른 생선인 가다랑어를
훈연한 후 바짝 말려
매우 얇게 간 것. 스키야키의
국물 맛을 좌우하는 재료이다.

**낯선 재료
대체하기**

새우완자 ▶ 어묵
새우완자는 어묵 50g으로 대체해도 좋다.
어묵의 모양은 중요하지 않지만
둥근 것을 사용하면 요리를 더 멋스럽게 만들 수 있다.

1 달군 전골 냄비에 멸치를 넣고 중간 불에서 1분간 볶는다.

2 가쓰오부시를 제외한 국물 재료를 넣어 중약 불에서 15분간 끓인다. 가쓰오부시를 넣고 바로 불을 끈다. 1분 후 체에 걸러 국물을 따로 둔다.

3 냉동 생새우살은 찬물에 담가 해동한 후 체에 밭쳐 물기를 뺀다. 푸드프로세서에 곱게 간다.

4 볼에 감자전분을 제외한 새우완자 재료를 넣고 충분히 섞는다.

5 랩에 ④를 한입 크기씩 올린다. 감싸 모양을 잡은 후 냉동실에서 5분간 살짝 굳힌다.

6 랩을 벗긴 후 겉면에 감자전분을 골고루 입힌다.

7 끓는 물(3컵)에 ⑥을 넣고 2~3분간 굴려가며 익힌 후 건져낸다.

8 양파는 굵게 채 썬다. 버섯, 알배기배추는 한입 크기로 썰고, 대파는 어슷 썬다. 쇠고기는 키친타월로 핏물을 없앤다.

9 달군 전골 냄비에 양파를 넣고 센 불에서 1분간 볶은 후 한쪽으로 밀어둔다.

10 쇠고기, 소스 재료를 넣어 2~3분간 볶는다.

11 모든 재료를 돌려 담는다. ②의 국물을 조금씩 부어가며 약한 불에서 끓이면서 달걀노른자에 재료를 찍어 먹는다.

★ 맛있게 즐기기 ★

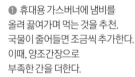

❶ 휴대용 가스버너에 냄비를 올려 끓여가며 먹는 것을 추천. 국물이 줄어들면 조금씩 추가한다. 이때, 양조간장으로 부족한 간을 더한다.

❷ 재료는 달걀노른자에 찍어가며 먹는다.

스시

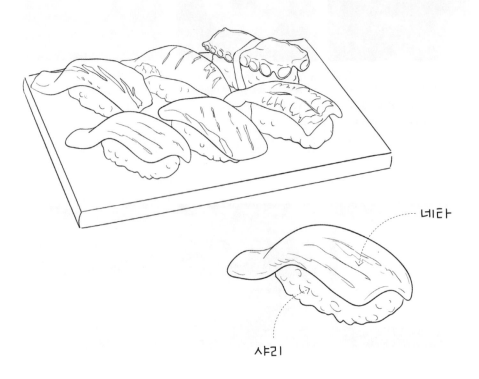

네타

샤리

스시의 탄생

냉장 시설이 없던 시절, 잡은 생선을
오래 두고 먹기 위한 방법을 고민하다가
탄생한 음식이 바로 스시이다. 처음에는
생선 살에 밥을 붙여 두었다가 삭은 밥알은
떼어내고 생선만 먹는 식이었다.
이후, 밥에 식초를 섞으면 생선의 저장성을
높이는 것은 물론 비린내도 줄이고, 풍미까지
더한다는 것을 발견했다. 즉, 숙성 없이 빠르게
만들 수 있는 스시의 조리법을 알아낸 것.
이 방식이 바쁜 생활을 하는 에도(지금의 도쿄)
사람들에게 인기를 끌면서 대중화되었다고 한다.

스시의 구성

• **밥에 올리는 재료 '네타(ネタ)'**
재료의 특징에 따라 두께, 전처리 등을
다양하게 하는 것이 좋다.

• **배합초를 넣은 밥 '샤리(しゃり)'**
살살 힘을 조절하며 모양을 잡아야
밥알 사이에 공기층이 생겨 식감이 좋다.

대표적인 '네타' 알아두기

• **가리비** [호타테, ホタテ]
• **광어** [히라메, ひらめ]
• **고등어** [사바, さば]
• **달걀** [타마고, たまご]
• **도미** [타이, たい]
• **문어** [타코, たこ]
• **방어** [부리, ブリ]
• **새우** [에비, えび]
• **성게알** [우니, うに]
• **연어** [사몬, サーモン]
• **연어알** [이쿠라, いくら]
• **오징어** [이카, いか]
• **장어** [우나기, うなぎ]
• **참치** [마구로, まぐろ]

스시의 종류

• **하코스시(또는 오시즈시)**
오사카에서 유래된 스시.
일명 상자초밥. 네모난 틀에
생선 등의 재료를 깔고
밥을 펼쳐 담은 후 가볍게 누른다.
이것을 뒤집어 재료가 위로 오게 한
다음 장식하고, 썰어 먹는다.

• **니기리스시**
도쿄에서 유래된 스시.
밥을 한입 크기로 모양낸 후
재료를 얹은 것. 오늘날 가장
대중적인 형태이기도 하다.

• **마키스시**
김에 밥을 평평하게 깔고 재료를 올려
김밥처럼 돌돌 만 형태. 두툼한
것은 '후토마키(58쪽)', 가는 것은
'호소마키'라 한다. 김 띠를 두른
'군칸(군함초밥)', 콘 모양으로
감싼 '데마키' 역시 마키스시의 일종.

• **지라시스시**
여기저기 뿌리는 전단지를
일명 '찌라시'라고 하듯, 초밥 위에
각종 재료를 흩뿌려 만든 것(56쪽).
비주얼이 마치 덮밥같다.

스시 제대로 즐기기

• **맛있게 먹는 순서**
올려진 재료(네타)의 맛이 담백한 것부터
진한 것, 단 것과 같은 순으로 먹는다.
이때, 새로운 종류의 스시를 먹기 전에
초생강을 한 조각씩 먹으면
입안이 개운해져 맛을 더 잘 느낄 수 있다.

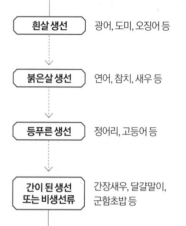

| 흰살 생선 | 광어, 도미, 오징어 등 |

| 붉은살 생선 | 연어, 참치, 새우 등 |

| 등푸른 생선 | 정어리, 고등어 등 |

| 간이 된 생선 또는 비생선류 | 간장새우, 달걀말이, 군함초밥 등 |

• **간장 찍는 법**
간장은 밥(샤리)이 아닌 올려진 재료(네타)에
묻힌다. 간장이 밥에 스며들면 재료의 맛이
반감되기 때문. 스시를 옆으로 살짝 눕힌 후
젓가락으로 쥐면 재료(네타)에 쉽게 간장을
찍을 수 있다. 단, 양념이 된 스시일 경우
간장은 생략한다.

• **특별하게 주문하는 법**
유명 스시집에서 코스요리를 즐길 시
오마카세를 선택하는 것도 좋다.
'오마카세(おまかせ)'는 '맡기다'라는 뜻으로
주방장 추천 메뉴라고 생각하면 된다.

중국
홍콩
대만

중국은 넓은 땅만큼이나 지역별로 요리의 특색이 뚜렷합니다.
수도 베이징은 고급스러운 궁중 요리를 비롯해 튀김, 볶음 요리가
발달해있어요. 바다에 인접해 있는 상하이는 해산물 요리가 다양하고요.
사천 지역에서는 훠궈, 마파두부 같은 매운 요리를 즐기곤 하지요.
홍콩과 인접한 광둥 지역은 항구 도시이기에 다른 나라와의
교류가 활발해 서양식 퓨전 요리가 가득하답니다.
이렇듯 다채로운 중화요리! 직접 만들어 즐겨보세요.

요리명 원어 감수 / 홍지연

Hongkong
Taiwan

고추잡채
青椒肉絲

" 본래 풋고추를 가늘게
썰어 만든 요리를 고추잡채라
하였지만 덜 자극적인 맛의
피망을 활용하는 것이 대중화되었다.
고기와 피망 등의 재료를 잡채처럼
길쭉하게 채 써는 것이 특징.
매콤하게 볶은 후 담백한 꽃빵에
싸 먹으면 그 맛이
조화롭다.

낯선 재료 대체하기

꽃빵 ▶ 또띠야
밀가루 반죽을 꽃 모양으로 돌돌 감아 만든
중국의 빵으로 본래 이름은 화쥐안(花捲, 화권).
보통 냉동 상태로 판매된다.
또띠야를 살짝 구워 대체해도 좋다.

죽순 ▶ 피망
대나무의 어린 싹으로 쫄깃한 식감과 담백한 맛이 특징.
대형 마트에서 통조림 형태로 판매된다.
생략할 경우 피망을 2개로 늘려도 좋다.

- 돼지고기 등심(또는 잡채용) 200g
- 시판 꽃빵 6개
  ▶ 낯선 재료 대체하기 78쪽
- 피망 1개(100g)
- 표고버섯 2개(50g)
- 통조림 죽순 1/2개(70g)
  ▶ 낯선 재료 대체하기 78쪽
- 양파 1/2개(100g)
- 고추기름 2큰술
- 채 썬 생강 1톨(5g)
- 참기름 1작은술
- 후춧가루 약간

밑간
- 달걀흰자 1개
- 감자전분 1큰술
- 양조간장 1작은술

양념
- 청주(또는 소주) 1큰술
- 양조간장 1큰술
- 굴소스 1큰술

고추기름 만들기
내열용기에 식용유(5큰술)
+ 고춧가루(2큰술)를 넣고
전자레인지에서 1분간 돌린다.
꺼내 저어준 후 체에 키친타월을
깔고 걸러 식힌다.

Tip

1 피망, 표고버섯, 죽순, 양파는 가늘게 채 썬다.

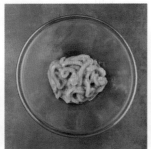

2 돼지고기는 가늘게 채 썬 후 밑간 재료와 버무린다.

3 끓는 물(3컵)에 죽순을 넣고 중간 불에서 1분간 데친 후 체에 밭쳐 헹궈 물기를 뺀다.

4 달군 팬에 고추기름, 채 썬 생강을 넣고 중간 불에서 1분간 볶는다.

5 ②의 돼지고기를 넣고 3분간 볶는다.

6 ①의 채소, 양념 재료를 넣고 1~2분간 볶은 후 참기름, 후춧가루를 넣고 불을 끈다.

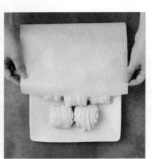

7 내열용기에 꽃빵을 담고 종이 포일을 덮은 후 전자레인지에서 1분 30초~2분간 말랑해질 때까지 익힌다. 고추잡채에 곁들인다.

★ 맛있게 즐기기 ★
❶ 돌돌 감긴 꽃빵을 펼친 후 고추잡채를 올려 싸 먹는다.
❷ 덮밥으로 즐겨도 좋다.

산둥 지역의
음식이 한국식으로
변형된 중화 요리. '깐풍'이란
'국물 없이 마르게(건;乾)
졸여낸다(팽;烹)'는 의미, '기'는
닭고기의 '계(鷄)'를 뜻한다. 파, 마늘,
고추와 같은 향신 채소를 넉넉히 넣어
소스의 매콤한 맛을 최대한
살리는 것이 핵심.

"

깐풍기
乾烹鷄

낯선 재료
대체하기

베트남 고추 ▶ **청양고추**
청양고추는 즙이 있어 단맛이 함께 느껴지는 반면
베트남 고추는 말린 것이라 매운맛이 강한 편.
송송 썬 청양고추 1~2개로 대체해도 좋다.

- 닭다릿살 400g
- 피망 1개(100g)
- 대파 20cm
- 베트남 고추 5개
  ▶ 낯선 재료 대체하기 80쪽
- 감자전분 1/2컵(70g)
- 달걀흰자 1개
- 고추기름 1큰술
- 다진 마늘 1큰술
- 참기름 1/2큰술
- 후춧가루 약간
- 식용유 5컵(1ℓ)

소스
- 설탕 2큰술
- 물 3큰술
- 식초 2큰술
- 양조간장 2큰술

밑간
- 청주(또는 소주) 1큰술
- 소금 약간
- 후춧가루 약간

Tip

고추기름 만들기
내열용기에 식용유(3큰술)
+ 고춧가루(1큰술)를 넣고
전자레인지에서 1분간 돌린다.
꺼내 저어준 후 체에 키친타월을
깔고 걸러 식힌다.

1 볼에 감자전분, 물(1컵)을
섞는다. 1시간 동안 둔 후
전분이 가라앉으면 윗물만
살살 따라 버린다.

2 피망은 한입 크기로 썰고,
대파는 송송 썬다.
볼에 소스 재료를 섞는다.

3 닭다릿살은 한입 크기로 썰어
밑간 재료와 버무린다.

4 ①의 가라앉은 전분에
달걀흰자를 섞은 후
닭다릿살과 버무린다.

5 깊은 팬에 식용유를 넣고
170℃로 끓인다. ④를 넣고
중간 불에서 4~5분간 노릇하게
튀긴 후 체에 밭쳐 기름기를 뺀다.
★ 기름 온도 확인하기 18쪽

6 센 불에서 1~2분간
한번 더 튀긴 후
체에 밭쳐 기름기를 뺀다.
★ 두 번 튀기면 더 바삭하다.

7 달군 팬에 고추기름, 베트남 고추,
다진 마늘, 피망, 대파를 넣어
센 불에서 1분간 볶는다.
②의 소스를 넣어 2~3분간 끓인다.

8 튀긴 닭을 넣고 1분간 볶은 후
참기름, 후춧가루를 넣는다.

꿔바로우
锅包肉

청나라 시절, 러시아
사신들을 접대하기 위해
새콤달콤한 소스를 개발하다
탄생한 요리. 돼지고기를
얇게 편 썬 후 찹쌀가루를 더한
튀김옷을 입힌 덕분에
쫀득한 식감도 난다.

꿔바로우

30~35분 / 2~3인분

- 돼지고기 등심(또는 안심) 300g
- 대파 10cm
- 생강 1톨(5g)
- 식용유 5컵(1ℓ) + 1큰술
- 녹말물(감자전분 1큰술 + 물 2큰술)

밑간
- 청주(또는 소주) 2큰술
- 양조간장 1큰술
- 후춧가루 약간

소스
- 설탕 6큰술
- 식초 3큰술
- 토마토케첩(또는 식초) 2큰술
- 굴소스 1큰술
- 소금 1/4작은술
- 물 1/2컵(100㎖)

반죽
- 찹쌀가루 1큰술
- 식용유 2큰술
- 감자전분 1/2컵(70g)
- 물 1컵(200㎖)

감자전분
감자에 함유된 전분을
가루화 시킨 것. 튀김반죽에 넣으면
쫀득한 식감을 더할 수 있고,
물과 섞어 소스에 넣으면
농도를 걸쭉하게 만들 수 있다.

1 돼지고기는 칼등으로 두드려
최대한 얇게 편 후
먹기 좋은 크기로 썬다.

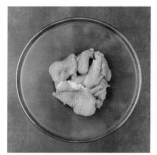

2 밑간 재료와 버무린다.

3 대파는 5cm 길이로 썬 후
2등분하고, 생강은 얇게 편 썬다.
볼에 소스 재료를 섞는다.

4 다른 볼에 찹쌀가루, 식용유를
섞은 후 감자전분, 물을 넣고
섞는다. ②의 돼지고기를
더해 버무린다. ★ 전분이 금방
가라앉기 때문에 고기를
건져낼 때는 가라앉은
전분을 묻혀가며 떠 올린다.

5 깊은 팬에 식용유 5컵을 넣고
170℃로 끓인다. ④를 넣고
중간 불에서 5~6분간 노릇하게
튀긴 후 체에 밭쳐 기름기를 뺀다.
★ 기름 온도 확인하기 18쪽

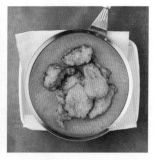

6 센 불에서 1~2분간
한 번 더 튀긴 후
체에 밭쳐 기름기를 뺀다.
★ 두 번 튀기면 더 바삭하다.

7 팬에 식용유 1큰술, 대파, 생강을
넣고 센 불에서 1분간 볶는다.

8 ③의 소스를 넣고 끓어오르면
중간 불에서 3분간 졸인다.
녹말물을 부어가며
농도를 되직하게 조절한다.
★ 녹말물은 넣기 전에 저어준다.

9 그릇에 모든 재료를 담는다.

★ 맛있게 즐기기 ★
가늘게 채 썬 오이,
대파채, 다진 땅콩 등을
곁들여 먹어도 좋다.

동파육

東坡肉

시인 소동파가 개발한
항저우 지방의 전통 요리.
그는 항저우로 유배됐을 당시
물난리로부터 도시를 구했고,
이에 감동한 백성들은 돼지고기를
선물했다. 이 고기로 직접 요리를 해
백성들과 나누었고 소동파의
호를 따 동파육이란 이름이
붙여진 것.

낯선 재료 대체하기

청경채 ▶ 양배추

청경채는 중국이 원산지인 채소로 중국 요리에
많이 활용된다. 이는 양배추를 익혀 대체할 수 있다.
내열 용기에 양배추 3장(90g) + 물 1큰술을 넣고
뚜껑을 덮어 전자레인지에 3~4분간 익힌다.

팔각 ▶ 통후추

팔각은 별 모양의 향신료로 매콤한 약초향이 난다.
고기의 잡내를 잡아줘 갈비찜, 육개장, 중식 등
다양한 고기 요리에 쓰인다. 특유의 풍미가
덜해지지만 통후추 1작은술로 대체할 수 있다.

- 통삼겹살 600g
- 청경채 3개(120g)
  ▶ 낯선 재료 대체하기 86쪽
- 녹말물(감자전분 2큰술 + 물 3큰술)

고기 삶을 물
- 양파 1/2개(100g)
- 대파 20cm 2~3대
- 생강 1톨(5g)
- 팔각 2개
  ▶ 낯선 재료 대체하기 86쪽
- 통후추 1작은술
- 물 5컵(1ℓ, 냄비 크기에 따라 가감)

소스
- 설탕 2큰술
- 다진 마늘 1큰술
- 청주(또는 소주) 4큰술
- 양조간장 3큰술
- 굴소스 2큰술
- 올리고당 2큰술
- 다진 생강 1작은술
- 후춧가루 약간

1 청경채는 길이로 4등분한다.

2 냄비에 통삼겹살, 고기 삶을 물 재료를 넣는다.

3 중간 불에서 끓어오르면 뚜껑을 덮어 40~45분간 삶은 후 통삼겹살만 건져내고 끓인 물은 버린다.

4 냄비에 소스 재료를 섞고 통삼겹살을 넣어 중간 불에서 10분간 뒤집어가며 졸인다. 녹말물을 부어가며 농도를 되직하게 조절한다.
★ 녹말물은 넣기 전에 저어준다.

5 끓는 물(4컵) + 올리브유(1큰술)에 청경채를 넣고 30초간 데친다. 건져 헹군 후 물기를 꼭 짠다.
★ 올리브유를 넣으면 더 부드럽다.

6 ④의 고기를 건져 1cm 두께로 썬 후 청경채와 함께 담는다.

★ 맛있게 즐기기 ★
데친 청경채와 고기를 한 입에 함께 먹는다. 과정 ④에서 졸이고 남은 소스를 곁들여도 좋다.

본래 양장피는
고구마전분을 이용해 만든
피를 가리키는데, 이 양장피를 넣어
만든 해산물 냉채의 요리명으로
통용되곤 한다. 월남쌈처럼
재료를 하나씩 양장피에 싸 먹는
것보다 소스를 더해가며
버무려 먹는 것을 추천!

양장피
兩張皮

마파두부
麻婆豆腐

> 청나라 말기, 쓰촨성
> 근처 작은 식당의 마파
> (곰보자국이 난 할머니)가 개발한
> 요리라고 전해진다. 돈이 없던
> 노동자들이 기름에 두부라도
> 지져달라고 부탁하자 즉석에서
> 향신 채소, 두반장을 활용해
> 만든 것에서 유래.

China

양장피

30~35분(+ 양장피채 불리기 2시간) / 2~3인분

- 양장피채 100g
  - ▶ 낯선 재료 대체하기 90쪽
- 손질 해파리 100g
- 돼지고기 잡채용 100g
- 손질 오징어 1/2마리(90g)
- 냉동 생새우살 7마리(약 100g)
- 달걀 2개
- 당근 1/4개(50g)
- 오이 1/2개(100g)
- 참기름 1큰술
- 식용유 1/2큰술 + 1/2큰술

밑간
- 다진 마늘 1/2작은술
- 청주(또는 소주) 1작은술
- 양조간장 1작은술
- 후춧가루 약간
- 참기름 약간

소스
- 통깨 1과 1/2큰술
- 생수 1큰술
- 식초 2큰술
- 양조간장 1큰술
- 두반장 1큰술
  - ▶ 낯선 재료 대체하기 90쪽
- 고추기름 1큰술
- 설탕 4작은술
- 다진 마늘 1작은술
- 참기름 1작은술

Tip

고추기름 만들기
내열용기에 식용유(3큰술)
+ 고춧가루(1큰술)를 넣고
전자레인지에서 1분간 돌린다.
꺼내 저어준 후 체에 키친타월을
깔고 걸러 식힌다.

**낯선 재료
대체하기**

양장피채 ▶ 당면
고구마전분으로 만든 양장피를 2cm 두께로
썬 제품. 당면 1과 1/2줌(삶기 전, 75g)으로
대체해도 좋다. 끓는 물(4컵)에 불린 당면을 넣고
포장지에 적힌 시간대로 삶아 사용한다.

두반장 ▶ 고추장 + 된장
두반장은 발효 콩, 고추를 주원료로 하는
사천식 칠리소스로 우리나라의 고추장과
비슷하다. 특유의 풍미는 줄어들지만
고추장 1/2큰술, 된장 1/2큰술을 섞어 대체해도 좋다.

1 양장피채는 넉넉한 양의
물에 담가 2시간 이상 불린다.
끓는 물(3컵)에 넣고 3분간 삶은 후
찬물에 헹궈 물기를 꼭 짠다.
참기름에 버무려 둔다.

2 달걀을 푼다. 달군 팬에
식용유 1/2큰술을 두른 후
달걀물을 붓고 중약 불에서
앞뒤로 각각 1~2분씩 익힌다.

3 달걀지단, 당근, 오이는
가늘게 채 썬다.

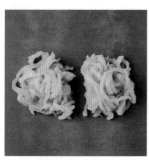

4 해파리는 물(3컵) +
식초(1/2큰술)에 담가 씻은 후
체에 밭쳐 물기를 뺀 다음
2등분한다.

5 돼지고기는 키친타월로 핏물을
없앤 후 밑간 재료와 버무린다.
냉동 생새우살은 찬물에 담가
해동한다.

6 달군 팬에 식용유 1/2큰술,
⑤의 돼지고기를 넣고
중간 불에서 3분간 볶는다.

7 끓는 물(3컵)에 손질 오징어,
생새우살을 넣고 3분간 삶는다.
★ 오징어 손질하기 65쪽

8 생새우살은 저며 2등분하고,
오징어는 가늘게 채 썬다.

9 믹서에 소스 재료를 넣고
곱게 간다. 그릇에 모든 재료를
담고 소스를 곁들인다.
★ 믹서 대신 볼에 섞어도 좋다.
이때, 통깨는 손으로 으깨 넣는다.

★ 맛있게 즐기기 ★

❶ 소스를 재료에 조금씩
끼얹어가며 버무려 먹는다.
소스의 양은 기호에 따라
조절한다.

❷ 톡 쏘는 맛을 원한다면 소스에
연겨자 약간을 더해도 좋다.

마파두부

Tip

35~40분 / 2~3인분

- 두부 큰 팩 1모(부침용, 300g)
- 다진 돼지고기 200g
- 양파 1/2개(100g)
- 애호박 1/3개(90g)
- 쪽파 4줄기
- 청양고추 2개
- 식용유 2큰술
- 다진 마늘 2큰술
- 고춧가루 1큰술
- 두반장 2큰술
  ▶ 낯선 재료 대체하기 92쪽
- 굴소스 1과 1/2큰술
- 물 1컵(200㎖)
- 올리고당 2큰술
- 녹말물(감자전분 2큰술 + 물 4큰술)
- 참기름 약간

밑간
- 청주(또는 소주) 1큰술
- 소금 약간
- 후춧가루 약간

마파감자로 즐기기
냄비에 감자 2개(400g),
잠길 만큼의 물, 소금(약간)을
넣는다. 뚜껑을 덮고 끓어오르면
중간 불로 줄여 25~35분간
젓가락으로 찔렀을 때 쉽게 들어갈
때까지 삶는다. 한입 크기로 썰어
과정 ⑧의 소스를 곁들인다.

**낯선 재료
대체하기**

두반장 ▶ 고추장 + 된장
두반장은 발효 콩, 고추를 주원료로 하는 사천식 칠리소스로
우리나라의 고추장과 비슷하다. 특유의 풍미는 줄어들지만
고추장 1큰술, 된장 1큰술을 섞어 대체할 수 있다.

1 양파는 잘게 다지고,
애호박은 반달 모양으로 썬다.
쪽파, 청양고추는 송송 썬다.

2 다진 돼지고기는
키친타월로 핏물을 없앤 후
밑간 재료와 버무린다.

3 냄비에 두부, 물(3컵)을 넣고
센 불에서 끓어오르면 2분,
중약 불로 줄여 2분간 끓인다.
체에 밭쳐 물기를 뺀다.

4 깊은 팬을 달군 후
식용유, 양파를 넣고
센 불에서 1~2분간 볶는다.

5 다진 마늘을 넣고 중간 불에서 1분,
다진 돼지고기를 넣고
2~3분간 볶는다.

6 고춧가루를 넣고 1분간 볶는다.

7 애호박, 청양고추, 두반장,
굴소스를 넣고 2분간 볶는다.
물, 올리고당을 넣고 끓어오르면
2~3분간 볶는다.

8 녹말물을 부어가며
농도를 되직하게 조절한다.
불을 끄고 참기름을 넣는다.
★ 녹말물은 넣기 전에 저어준다.

9 두부를 사방 2cm 크기로 썰어
그릇에 담고 ⑧, 쪽파를 뿌린다.
★ 소스의 양은 기호에 따라
조절한다.

빵을 뜻하는 '멘보'와
새우를 뜻하는 '샤'의 합성어로
식빵 사이에 으깬 새우를 넣고
튀긴 요리이다. 본래 소가 들어있지
않은 중국 찐빵 만터우(饅頭)로
만들었지만 식빵으로 만드는 것이
대중화되었다. 튀긴 후
바로 기름기를 없애야
눅눅해지지 않는다.

"

멘보샤

面包虾

낯선 재료
대체하기

스위트 칠리소스 ▶ **토마토케첩 + 설탕 + 다진 마늘 + 식초**

스위트 칠리소스는 고추에 토마토, 식초, 설탕, 향신 채소 등을
더해 만든 칠리소스 중 단맛이 강한 제품이다.
토마토케첩에 설탕, 다진 마늘, 식초를 약간씩 섞어 대체해도 좋다.

- 식빵 4장
- 냉동 생새우살 15마리(약 220g)
- 달걀흰자 1개
- 감자전분 1큰술
- 소금 약간
- 후춧가루 약간
- 식용유 5컵(1ℓ)
- 스위트 칠리소스 2큰술
  ▶ 낯선 재료 대체하기 94쪽

식빵 구입하기
너무 얇지 않은 것, 부재료가
들어있지 않은 식빵을 추천.

식빵 가장자리 활용하기
달군 팬에 식용유 1/2큰술,
식빵 가장자리를 넣고
약한 불에서 2분간 노릇하게
굽는다. 뜨거울 때 설탕 1큰술과
섞어 식빵 과자로 즐긴다.

1 식빵은 가장자리를 잘라낸 후
4등분해 총 16조각을 만든다.

2 냉동 생새우살은 찬물에 담가
해동한다. 물기를 없앤 후
푸드프로세서에 대강 간다.

3 볼에 ②, 달걀흰자, 감자전분,
소금, 후춧가루를 넣어 섞는다.

4 식빵 8조각에 ③을 나눠 얹는다.

5 다른 식빵으로 각각 덮어
반죽이 빵 전체에 퍼지도록
손으로 살살 누른다.

6 깊은 팬에 식용유를 넣고
160℃로 끓인다. ⑤를 넣는다.
★ 기름 온도 확인하기 18쪽

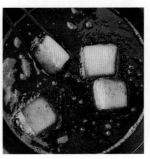

7 사방으로 돌려가며 중간 불에서
4~5분간 노릇하게 튀긴다.
★ 식빵이 계속 위로 떠오르므로
젓가락으로 돌려가며 튀긴다.

8 체에 밭친 후 키친타월로
살살 눌러 기름기를 제거한다.
스위트 칠리소스를 곁들인다.

유린기
油淋鷄

중식에서 닭고기 요리는
음식명 끝에 '기(계;鷄)'를 붙인다.
유린기, 라조기, 깐풍기가 대표적.
유린기는 닭고기에 뜨거운 기름
(유; 油)을 부어(린; 淋) 튀긴 요리로
새콤달콤한 간장 소스를
부어 먹는다. 주로 아삭한
양상추를 곁들인다.

낯선 재료
대체하기

노두유 ▶ **양조간장**
노추(老抽)라고도 하는 중국의 전통간장으로
일반 양조간장에 비해 농도가 진하고 짠맛은 적으며
달짝지근하다. 주로 색을 내기 위해 사용하므로
생략하거나 양조간장 약간으로 대체해도 좋다.

- 닭다릿살 400g
- 양상추 5장(75g)
- 감자전분 3큰술
- 식용유 5컵(1ℓ)

밑간
- 청주(또는 소주) 1큰술
- 다진 생강 1작은술
- 양조간장 1작은술

소스
- 송송 썬 청양고추 2개
- 송송 썬 홍고추 1개
- 송송 썬 대파 10cm
- 설탕 1큰술
- 생수 3큰술
- 식초 1큰술
- 양조간장 1큰술
- 노두유 1작은술
  ▶ 낯선 재료 대체하기 96쪽

생강즙 만들기
잘게 다진 생강을 젖은 면보나 젖은 키친타월에 올려 꼭 짠다. 잘 짜지지 않는다면 물 약간을 더한다.

1 양상추는 1cm 두께로 썬다.

2 닭다릿살은 두꺼운 부분을 저며 펼친다. 4~5회 칼집을 낸 후 큼지막하게 2~4등분한다.

3 밑간 재료와 버무린다.

4 볼에 소스 재료를 섞는다.

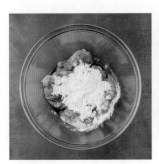

5 ③의 닭다릿살은 물기를 따라 버린 후 감자전분을 넣어 버무린다.

6 깊은 팬에 식용유를 넣고 170℃로 끓인다. ⑤를 넣고 중간 불에서 5~6분간 노릇하게 튀긴 후 체에 밭쳐 기름기를 뺀다.
★ 기름 온도 확인하기 18쪽

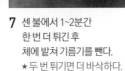

7 센 불에서 1~2분간 한 번 더 튀긴 후 체에 밭쳐 기름기를 뺀다.
★ 두 번 튀기면 더 바삭하다.

8 그릇에 양상추를 깔고 튀긴 닭을 한입 크기로 잘라 올린 후 소스를 곁들인다.
★ 소스의 양은 기호에 따라 조절한다.

중국의 깐쇼새우를
변형 시킨 퓨전 요리. '깐쇼'는
'간사오(乾燒)'라는 조리법을 뜻하며
이는 양념을 자작하게 졸이는 것을
말한다. 깐쇼새우가 두반장, 간장을
사용해 짭조름한 매콤함이 강하다면
칠리새우는 칠리소스, 설탕을 더해
달짝지근한 매콤함이 특징.

"

칠리새우
Chili shrimp

퓨전 중식당에서
쉽게 볼 수 있는 메뉴.
튀긴 새우에 마요네즈와
레몬즙으로 만든 새콤한 소스를
끼얹어 먹는다. 새우를 튀기고
남은 기름에 채 썬 춘권피까지
튀겨 곁들이면 더 푸짐하게
즐길 수 있다.

99

크림새우
Cream shrimp

칠리새우

30~40분(+ 전분 불리기 1시간) / 2~3인분

- 냉동 생새우살 15마리(약 220g)
- 셀러리 줄기 10cm
  - ▶ 낯선 재료 대체하기 100쪽
- 대파(흰 부분) 10cm
- 감자전분 1/2컵(70g)
- 달걀흰자 1개
- 고추기름 3큰술
- 다진 마늘 2큰술
- 녹말물(감자전분 1큰술 + 물 2큰술)
- 식용유 5컵(1ℓ)

밑간
- 청주(또는 소주) 1큰술
- 소금 약간
- 후춧가루 약간

소스
- 설탕 2큰술
- 청주(또는 소주) 1큰술
- 핫 칠리소스 2큰술
- 두반장 1/2큰술
  - ▶ 낯선 재료 대체하기 100쪽
- 소금 1/4작은술
- 식초 1작은술
- 물 1/4컵(50mℓ)

고추기름 만들기
내열용기에 식용유(6큰술)
+ 고춧가루(3큰술)를 넣고
전자레인지에서 1분간 돌린다.
꺼내 저어준 후 체에 키친타월을
깔고 걸러 식힌다.

Tip

낯선 재료 대체하기

셀러리 ▶ 대파
셀러리는 시원하고 독특한 향과
쌉싸래한 맛이 특징인 향신 채소이다.
생략할 경우 대파의 양을 20cm로 늘린다.

두반장 ▶ 핫 칠리소스
두반장은 발효 콩, 고추를 주원료로 하는
사천식 칠리소스로 우리나라의 고추장과 비슷하다.
생략할 경우 소스 재료의 핫 칠리소스(26쪽)의 양을
2와 1/2큰술로 늘린다.

1 볼에 감자전분, 물(1컵)을 섞는다.
1시간 동안 둔 후
전분이 가라앉으면
윗물만 살살 따라 버린다.

2 냉동 생새우살은 찬물에 담가
해동한 후 체에 밭쳐 물기를 뺀다.
밑간 재료와 버무린다.

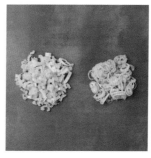

3 셀러리는 잘게 다지고,
대파는 송송 썬다.

4 볼에 소스 재료를 섞는다.

5 ①의 가라앉은 전분에
달걀흰자를 섞은 후
생새우살과 버무린다.

6 깊은 팬에 식용유를 넣고 170℃로
끓인다. ⑤를 넣고 중간 불에서
3분간 노릇하게 튀긴다.
체에 밭쳐 기름기를 뺀다.
★ 기름 온도 확인하기 18쪽

7 센 불에서 1~2분간 한 번 더 튀긴 후
체에 밭쳐 기름기를 뺀다.
★ 두 번 튀기면 더 바삭하다.

8 달군 팬에 고추기름, 다진 마늘,
③을 넣고 센 불에서 30초, ④의
소스를 넣고 끓어오르면 1~2분간
끓인다. 녹말물을 부어가며
농도를 되직하게 조절한다.
★ 녹말물은 넣기 전에 저어준다.

9 끓어오르면 튀긴 새우를 넣고
섞은 후 불을 끈다.

★ 맛있게 즐기기 ★

❶ 양상추, 쌈 채소, 꽃빵 등에
싸 먹는다.

❷ 덮밥으로 즐겨도 좋다.

크림새우

30~40분(+ 전분 불리기 1시간) / 2~3인분

- 냉동 생새우살 15마리(약 220g)
- 양상추 3장(45g)
- 춘권피 3장
  ▶ 낯선 재료 대체하기 102쪽
- 달걀흰자 1개
- 감자전분 1/2컵(70g)

밑간
- 청주(또는 소주) 1큰술
- 다진 생강 1/2작은술(생략 가능)
- 소금 약간
- 후춧가루 약간

소스
- 레몬즙 2큰술
- 마요네즈 4큰술
- 생크림 2큰술
- 떠먹는 플레인 요구르트 2큰술
- 연유 1큰술
- 소금 1/4작은술

Tip

연유
우유에 설탕을 넣고 은근히 끓여 농축한 것. 당을 넣지 않고 우유만 농축한 무당연유도 있지만 보통 가당연유를 사용한다.

낯선 재료 대체하기

춘권피 ▶ 감자
춘권피는 중국식 만두인 춘권을 만드는데 사용하는 밀가루 반죽이다. 감자 1개(200g)를 최대한 가늘게 채 썰어 물에 담가 전분기를 뺀 후 물기를 없애고 같은 방법으로 튀겨도 좋다.

1 볼에 감자전분, 물(1컵)을 섞는다. 1시간 동안 둔 후 전분이 가라앉으면 윗물만 살살 따라 버린다.

2 냉동 생새우살은 찬물에 담가 해동한 후 체에 밭쳐 물기를 뺀다. 밑간 재료와 버무린다.

3 양상추는 1cm 두께로 썬다.

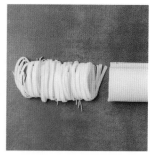

4 춘권피는 돌돌 말아 가늘게 채 썬다.

5 볼에 소스 재료를 섞는다.

6 ①의 가라앉은 전분에 달걀흰자를 섞은 후 생새우살과 버무린다.

7 깊은 팬에 식용유를 넣고 170℃로 끓인다. ⑥을 넣고 중간 불에서 3분간 노릇하게 튀긴다. 체에 밭쳐 기름기를 뺀다. ★ 기름 온도 확인하기 18쪽

8 센 불에서 1~2분간 한 번 더 튀긴 후 체에 밭쳐 기름기를 뺀다. ★ 두 번 튀기면 더 바삭하다.

9 ⑧의 기름을 중간 불로 켠 후 채 썬 춘권피를 넣고 2~3분간 젓가락으로 저어가며 색이 살짝 날 때까지 튀긴다.

10 그릇에 양상추를 깔고 튀긴 춘권피, 튀긴 새우를 담은 후 소스를 곁들인다. ★ 소스의 양은 기호에 따라 조절한다.

★ 맛있게 즐기기 ★
소스를 붓고 튀긴 춘권피를 부숴가며 새우, 양상추와 함께 먹는다.

몽골리안 비프
Mongolian beef

몽골 음식일 것 같지만
쇠고기라는 재료를 제외하고는
몽골과 특별한 관계는 없으며
실제로는 미국에 있는 유명한
중식당의 메뉴로 알려져 있다.
채끝살을 와인 간장 소스에 볶아
만들며 그 맛이 짭조름해 밥이나
튀긴 당면과 함께 즐긴다.

**낯선 재료
대체하기**

 우스터소스 ▶ 굴소스 또는 돈가스소스
영국의 우스터 지방에서 유래한 소스로 앤초비, 식초, 설탕,
각종 향신료를 섞어 발효 시킨 것. 톡 쏘는 신맛과 달콤한 맛이 함께 난다.
동량의 굴소스 또는 돈가스소스로 대체해도 좋다.

- 쇠고기 채끝살 300g(스테이크용)
- 쪽파 6줄기
- 양파 1/4개(50g)
- 마늘 2쪽(10g)
- 감자전분 1큰술
- 식용유 5큰술
- 소금 약간
- 후춧가루 약간
- 버터 1작은술

소스
- 레드와인 2큰술
- 양조간장 1큰술
- 토마토케첩 2큰술
- 우스터소스 1과 1/2큰술
  ▶ 낯선 재료 대체하기 104쪽
- 치킨스톡큐브 1/3개
- 후춧가루 약간

밑간
- 청주(또는 소주) 1큰술
- 소금 약간
- 후춧가루 약간

Tip

치킨스톡
닭고기, 닭 뼈 등을 우려 만든 육수를 큐브, 파우더, 액상 형태로 가공한 것. 큐브 1/3개는 파우더나 액상 2/3작은술로 대체 가능.

1 쪽파는 4cm 길이로 썰고, 양파, 마늘은 굵게 다진다. 볼에 소스 재료를 섞는다.

2 쇠고기는 얇게 썬 후 밑간 재료와 버무린다.

3 감자전분을 넣고 버무린다.

4 달군 팬에 식용유, 쇠고기를 넣고 센 불에서 뒤집어가며 2분간 구운 후 체에 밭쳐 기름기를 뺀다. 이때, 기름은 버리지 않는다.

5 ④의 고기 구운 기름이 뜨거울 때 쪽파에 붓고 소금, 후춧가루를 뿌린다. 쪽파는 건져내고 기름은 그대로 둔다.

6 달군 팬에 ⑤의 기름 1큰술, 양파, 마늘을 넣고 센 불에서 1분간 볶는다. ★ 기름에 쪽파의 향이 배어 있어서 더 맛있다.

7 ④의 쇠고기, ①의 소스를 넣고 센 불에서 2~3분간 끓인 후 불을 끄고 버터를 섞는다.

8 ⑤에서 건져둔 쪽파를 넣는다.

어향가지
魚香茄子

'어향(魚香)'이란,
채소나 고기 요리에서
'값비싼 생선 요리의 느낌이
난다'는 의미를 품고 있다.
즉, 주로 생선에 활용하는 소스를
고기, 채소에 넣어 요리한 것을
가리키며 어향육사, 어향가지가
대표적이다.

낯선 재료 대체하기

발사믹식초 ▶ 식초
포도즙을 졸여 만든 식초로 발사믹(Balsamic)은
이탈리아어로 향기가 좋다는 의미이다.
풍미는 덜해지지만 동량의 식초로 대체해도 좋다.

두반장 ▶ 고추장 + 된장
두반장은 발효 콩, 고추를 주원료로 하는
사천식 칠리소스로 우리나라의 고추장과 비슷하다.
특유의 풍미는 줄어들지만 고추장 1/2큰술,
된장 1/2큰술을 섞어 대체할 수 있다.

- 가지 2개(300g)
- 다진 돼지고기 100g
- 감자전분 2큰술
- 고추기름 2큰술
- 다진 마늘 1큰술
- 다진 채소 2큰술(양파, 피망 등)
- 녹말물(감자전분 1큰술 + 물 2큰술)
- 식용유 5컵(1ℓ)

밑간
- 청주(또는 소주) 1큰술
- 소금 약간
- 후춧가루 약간

소스
- 설탕 2큰술
- 고춧가루 1큰술
- 식초 1큰술
- 발사믹식초 1큰술
  ▶ 낯선 재료 대체하기 106쪽
- 양조간장 1/2큰술
- 두반장 1큰술
  ▶ 낯선 재료 대체하기 106쪽
- 치킨스톡큐브 1/2개
- 물 1컵(200㎖)

치킨스톡
닭고기, 닭 뼈 등을 우려 만든 육수를 큐브, 파우더, 액상 형태로 가공한 것. 큐브 1/2개는 파우더나 액상 1작은술로 대체 가능.

고추기름 만들기
내열용기에 식용유(5큰술) + 고춧가루(2큰술)를 넣고 전자레인지에서 1분간 돌린다. 꺼내 저어준 후 체에 키친타월을 깔고 걸러 식힌다.

1 다진 돼지고기는 키친타월로 핏물을 없앤 후 밑간 재료와 버무린다. 다른 볼에 소스 재료를 섞는다.

2 가지는 4cm 길이로 썬 후 열십(+)자로 깊게 칼집을 낸다.

3 위생팩에 감자전분, 가지를 넣고 흔들어 골고루 섞는다.

4 깊은 팬에 식용유를 넣고 180℃로 끓인다. ③의 가지를 넣고 중간 불에서 2~3분간 튀긴 후 체에 밭쳐 기름기를 뺀다.
★ 기름 온도 확인하기 18쪽

5 센 불에서 1분간 한번 더 튀긴 후 체에 밭쳐 기름기를 뺀다.
★ 두 번 튀기면 더 바삭하다.

6 달군 팬에 고추기름, 다진 마늘, 다진 돼지고기를 넣고 센 불에서 1분간 볶는다.

7 다진 채소, ①의 소스를 넣고 중간 불에서 2~3분간 졸인다. 녹말물을 부어가며 농도를 되직하게 조절한다.
★ 녹말물은 넣기 전에 저어준다.

8 그릇에 튀긴 가지를 담고 소스를 곁들인다. ★ 소스의 양은 기호에 따라 조절한다.

홍콩식 탄탄면
担担面

"

'탄탄'은 '짊어지다'라는 뜻.
청나라의 면 장수가 지게의
한 쪽에는 면을, 다른 쪽에는 부재료를
담아 짊어지고 다니며 팔던 것에서
유래되었다. 본래는 국물 없이
비벼 먹는 형태였는데 광저우, 홍콩
등지에 퍼지면서 고명을 듬뿍 얹은
탕면으로 변화한 것.

낯선 재료
대체하기

생 소면 ▶ 라면사리
건조하지 않은 소면으로
일반 소면보다 두껍고 우동면보다 얇다.
라면사리 2개로 대체해도 좋다.

두반장 ▶ 고추장 + 된장
두반장은 발효 콩, 고추를 주원료로 하는
사천식 칠리소스로 우리나라의 고추장과 비슷하다.
특유의 풍미는 줄어들지만 고추장 1큰술,
된장 1큰술을 섞어 대체할 수 있다.

- 생 소면 300g
  - ▶ 낯선 재료 대체하기 108쪽
- 다진 돼지고기 200g
- 숙주 1줌(50g)
- 대파 15cm
- 홍고추 1개
- 고추기름 1큰술
- 다진 마늘 1큰술
- 다진 생강 1/2작은술

국물
- 양조간장 1큰술
- 두반장 1큰술
  - ▶ 낯선 재료 대체하기 108쪽
- 고추기름 1큰술
- 고춧가루 1작은술
- 다진 마늘 1작은술
- 치킨스톡큐브 1개
- 물 5컵(1ℓ)
- 소금 약간

밑간
- 청주(또는 소주) 1큰술
- 소금 약간
- 후춧가루 약간

소스
- 청주(또는 소주) 1큰술
- 두반장 1큰술
  - ▶ 낯선 재료 대체하기 108쪽
- 설탕 1작은술
- 양조간장 1작은술
- 노두유(또는 양조간장) 1/4작은술
- 참기름 약간
- 후춧가루 약간

Tip

고추기름 만들기
내열용기에 식용유(5큰술)
+ 고춧가루(2큰술)를 넣고
전자레인지에서 1분간 돌린다.
꺼내 저어준 후 체에 키친타월을
깔고 걸러 식힌다.

치킨스톡
닭고기, 닭 뼈 등을 우려 만든
육수를 큐브, 파우더, 액상 형태로
가공한 것. 큐브 1개는 파우더나
액상 2작은술로 대체 가능.

1 냄비에 국물 재료를 모두 넣고
끓어오르면 중약 불에서
10분간 끓인다.
★간을 본 후 기호에 따라
뜨거운 물을 더해도 좋다.

2 다진 돼지고기는
키친타월로 핏물을 없앤 후
밑간 재료와 버무린다.

3 대파, 홍고추는 송송 썬다.

4 볼에 소스 재료를 섞는다.

5 달군 팬에 고추기름, 다진 마늘,
다진 생강, 대파, 홍고추를 넣고
중간 불에서 1분간 볶는다.

6 다진 돼지고기, ④의 소스를 넣고
2~3분간 볶은 후 불을 끈다.

7 끓는 물(7컵)에 생 소면을 넣고
중간 불에서 4분간 삶는다.
체에 밭쳐 헹군 후 물기를 뺀다.

8 그릇에 면, 숙주를 나눠 담고
①의 국물을 팔팔 끓여 부은 후
⑥을 얹는다. ★다진 마늘, 다진 파,
다진 땅콩을 곁들여도 좋다.

우육면

牛肉面

"

중국, 홍콩, 대만 등의
중화권에서 즐겨먹는
쇠고기 탕면. 산초가루, 생강,
고수로 알싸한 풍미를 더해야
현지 느낌을 살릴 수 있다.
진한 육수가 우육면의 맛을
좌우하므로 뼈가 붙은 찜용
또는 갈비탕용 쇠고기를
사용하는 것이 좋다.

닭날개 볶음밥

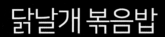

燒烤雞翅包飯

> 대만 여행 시, 천등을
> 날리기 위해 찾는 관광지에서
> 인기 있는 길거리 음식.
> 닭날개 속에 볶음밥을 채운 것으로
> 오동통한 닭다리 모양을 띤다.
> 소스가 매콤하므로 후식으로는
> 땅콩 아이스크림을
> 추천!

우육면

50~60분(+ 고기 핏물 빼기 1시간, 국물 끓이기 1시간) / 2~3인분

- 생 소면 300g
- 소갈비 600g(찜 또는 갈비탕용)
- 무 지름 10cm, 두께 4cm(400g)
- 토마토 1개(150g)
- 생강 1톨(5g)
- 청경채 1개(40g)
- 쪽파 3줄기
- 홍고추 1개
- 고수 1줄기(생략 가능)
- 으깬 마늘 5쪽(25g)
- 설탕 1큰술
- 두반장 1큰술
- 식용유 1큰술

양념
- 베트남 고추 4개
  ▶ 낯선 재료 대체하기 112쪽
- 산초가루 1/2큰술
- 양조간장 1과 1/2큰술
- 노두유 1큰술
  ▶ 낯선 재료 대체하기 112쪽
- 청주 1/2컵(100㎖)

국물
- 팔각 1개(생략 가능)
- 통후추 1작은술
- 물 7컵(1.4ℓ)

Tip

두반장
발효 콩, 고추를 주원료로 하는
사천식 칠리소스로 우리나라의
고추장과 비슷하다. 특유의 국물맛을
내기 위해 필수로 사용한다.

산초가루
중국 사천요리에 애용하며 혀가
마비되는 듯한 얼얼한 맛이 특징인
향신료. 우리나라에서는 추어탕에
넣어 먹는 용도로 알려져 있다.

팔각
매콤한 약초향이 나는
별 모양의 향신료.

**낯선 재료
대체하기**

베트남 고추 ▶ 청양고추
청양고추는 즙이 있어 단맛이 함께 느껴지는 반면
베트남 고추는 말린 것이라 매운맛이 강한 편.
송송 썬 청양고추 1~2개로 대체해도 좋다.

노두유 ▶ 양조간장
노추(老抽)라고도 하는 중국의 전통간장으로
일반 양조간장에 비해 농도가 진하고 짠맛은 적으며
달짝지근하다. 주로 색을 내기 위해 사용하므로
생략하거나 동량의 양조간장으로 대체해도 좋다.

1 소갈비는 잠길 만큼의 찬물에 담가
1시간 이상 핏물을 뺀다.
이때, 중간중간 물을 갈아준다.

2 무는 4등분하고,
토마토는 한입 크기로 썬다.
생강은 2등분한다.

3 쪽파, 홍고추는 송송 썰고,
고수는 4cm 길이로 썬다.
청경채는 길이로 4등분한다.

4 볼에 양념 재료를 섞는다.

5 깊은 팬을 달궈 식용유, 소갈비를
넣고 센 불에서 뒤집어가며
2분간 바싹 구운 후 덜어둔다.

6 소갈비를 구운 팬에 무, 토마토,
생강, 마늘, 설탕, 두반장을 넣고
중간 불에서 2분간 볶는다.

7 덜어둔 소갈비,
④의 양념을 넣는다.

8 국물 재료를 넣고
센 불에서 끓어오르면
중약 불로 줄여 1시간 동안 끓인다.
★간을 본 후 기호에 따라
뜨거운 물을 더해도 좋다.

9 체에 밭쳐 국물은 따로 두고
소갈비는 살만 발라낸다.

10 끓는 물(3컵)＋올리브유
(1작은술)에 청경채를 넣고
30초간 데친다. 건져 헹군 후
물기를 꼭 짠다. ★올리브유를
넣으면 더 부드럽다.

11 끓는 물(7컵)에 생 소면을 넣고
중간 불에서 4분간 삶는다.
체에 밭쳐 헹군 후 물기를 뺀다.

12 그릇에 면을 나눠 담고
⑨의 국물을 팔팔 끓여 부은 후
소갈비, 청경채, 쪽파, 홍고추,
고수를 얹는다.

닭날개 볶음밥

50~55분 / 4개분

- 통닭날개 4개
  ▶ 낯선 재료 대체하기 114쪽
- 식용유 1큰술

밑간
- 청주(또는 소주) 2큰술
- 소금 약간
- 후춧가루 약간

소스
- 고춧가루 1큰술
- 양조간장 1과 1/2큰술
- 청주(또는 소주) 1큰술
- 올리고당 2큰술
- 고추장 1/2큰술
- 다진 마늘 1작은술

볶음밥
- 밥 1공기(200g)
- 달걀 1개
- 양파 1/4개(50g)
- 대파 10cm
- 당근 1/5개(40g)
- 식용유 1큰술 + 1큰술
- 굴소스 1/2작은술
- 소금 약간
- 후춧가루 약간

Tip

볶음밥 채소 사용하기
양파, 대파, 당근은
다른 자투리 채소로 대체해도 좋다.
이때, 총량은 약 100g이
되도록 한다.

낯선 재료 대체하기

통닭날개 ▶ 닭윙 또는 닭봉
닭날개는 보통 윙(날개 부분), 봉(날개 윗부분)으로 나눠 판매되는데,
통닭날개는 윙, 봉, 날개 끝부분까지 붙어 있는 것이다. 온라인몰에서 구입 가능.
닭윙 또는 닭봉 500g으로 대체해도 좋다.
이때, 과정 ⑥의 볶음밥은 닭윙, 닭봉에 채우지 않고 따로 곁들인다.

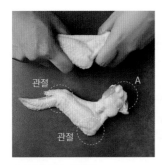

1 통닭날개는 관절을
반대로 꺾어 부러뜨린다.

관절

관절

A

2 A부분의 뼈에 칼을 대고 살살
긁어가며 뼈를 잡아 당겨 뽑는다.
이때, 살 부분은 양말을 뒤집듯
안쪽면이 겉으로 나오게 된다.
★구멍이 뚫리지 않게 조심한다.

A

3 통닭날개는 밑간 재료와 버무린다.

4 볼에 소스 재료를 섞는다.
다른 볼에 볶음밥 재료의
달걀을 풀어둔다.

볶음밥

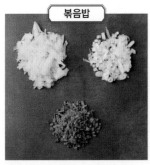

5 양파, 대파, 당근은 잘게 다진다.

6 달군 팬에 식용유 1큰술을
두른 후 ④의 달걀을 넣고
중약 불에서 2분간 저어가며
익힌 다음 덜어둔다.

7 달군 팬에 식용유 1큰술,
⑤의 채소를 넣고
중간 불에서 1분간 볶는다.

8 밥, ⑥의 달걀, 굴소스,
소금, 후춧가루를 넣어
1분간 볶은 후 덜어둔다.

요리하기

9 ③의 통닭날개는
키친타월로 물기를 없앤다.

10 과정 ②의 A부분을 벌려
⑧의 볶음밥을 작은 숟가락으로
채워 넣는다. 꾹꾹 눌러
탱탱하게 채운 후
이쑤시개로 입구를 막는다.

11 달군 팬에 식용유 1큰술,
⑩을 넣고 센 불에서
앞뒤로 각각 1분씩 구운 후
뚜껑을 덮고 약한 불로 줄여
5~7분간 익힌다.

12 소스를 발라가며
앞뒤로 각각 1분씩 굽는다.
★소스의 양은 기호에 따라
조절한다.

Vietnam

태국 —— 베트남

우리나라 여행객들이 많이 찾는 인기 관광지 태국과 베트남.
그만큼 현지 음식에 대한 관심도 커지면서 TV 프로그램에
자주 언급되고, 주변에 핫한 맛집도 많이 생겨나고 있지요.
이러한 트렌드에 맞춰 현지 음식들을 직접 배워보고, 만들어보는 건
어떨까요? 곳곳에 알아두면 유용한 깨알 지식도 함께 소개합니다.

Tha

iland

똠얌꿍

ต้มยำกุ้ง

"

'똠얌'은 새콤한 국물 요리,
'꿍'은 새우를 뜻한다.
레몬그라스, 라임잎, 피쉬소스
등의 식재료를 사용해
새콤한 맛이 나는 새우 수프인 것.
중국의 삭스핀, 프랑스의
부야베스와 함께 세계 3대
수프로 여겨지기도.

푸팟퐁커리
ปูผัดผงกะหรี่

"

'푸'는 게, '팟'은 볶다,
'퐁'은 가루를 뜻하며 조합하면
'게를 커리에 볶아낸 요리'라는 말.
본래 껍데기까지 먹을 수 있는
소프트쉘 크랩을 사용하지만
구하기 어려우므로
일반 꽃게로 손쉽게 만드는
방법을 소개한다.

똠얌꿍

35~45분 / 2~3인분

- 대하 5마리
  (또는 냉동 생새우살 10마리, 150g)
- 양파 1/2개(100g)
- 토마토 1개(150g)
- 생강 2톨(10g)
- 베트남 고추 5개
- 멥쌀가루 1큰술
  ▶ 낯선 재료 대체하기 120쪽
- 물 3컵(600㎖)

향신 재료
▶ 낯선 재료 대체하기 120쪽
- 레몬그라스 1줄기(20g)
- 고수 3줄기
- 라임잎 3장

소스
- 라임(또는 레몬) 1/2개
- 설탕 1큰술
- 고춧가루 1큰술
- 피쉬소스 1큰술
- 똠얌 페이스트 2와 1/2큰술

라임잎
'카피르 라임'이란 종의 나뭇잎으로 태국의 그린커리, 똠얌꿍 등에 독특한 향을 내기 위해 사용한다.

똠얌 페이스트
새우, 레몬그라스, 라임, 고추, 채소 등을 섞어 페이스트화 시킨 제품으로 똠얌꿍 국물을 손쉽게 낼 수 있다.
수입 식재료몰에서 구입 가능.

낯선 재료 대체하기

멥쌀가루 ▶ 밀가루
멥쌀을 가루 낸 것으로 마트에서 시판 제품으로 구입 가능.
똠얌꿍 국물에 볶은 멥쌀가루를 넣으면 재료의 잡내를 제거하면서 국물의 농도를 조절할 수 있다.
이는 생략하거나 동량의 밀가루로 대체해도 좋다.

향신 재료 ▶ 대파
똠얌꿍에 특유의 향을 더해주는 향신 재료.
풍미가 덜해지지만 생략해도 된다.
또는 대파 흰 부분 10cm를 어슷 썰어 과정 ⑧에 넣는다.

1 레몬그라스는 어슷 썰고,
생강은 얇게 편 썬다.
고수는 잎을 따로 두고,
줄기 부분만 살짝 짓누른다.

2 양파는 굵게 채 썰고,
토마토는 4등분한다.

3 라임은 스퀴저(38쪽)로 즙을 짠 후
나머지 소스 재료와 섞는다.
★ 생 라임의 즙을 짜서 넣어야
풍미가 좋다.

4 대하는 긴 수염, 입, 머리 위
뾰족한 부분을 잘라낸다.

5 등쪽 두 번째와 세 번째 마디
사이에 이쑤시개를 넣어
내장을 제거한다.

6 머리를 떼어내고, 껍질을 벗긴 후
등 가운데 부분에 길게 칼집을 낸다.
★ 머리는 버리지 않고
과정 ⑧에서 사용한다.

7 달군 냄비에 멥쌀가루를 넣고
약한 불에서 2분간 노릇해질
때까지 볶은 후 덜어둔다.
★ 멥쌀가루를 볶아 넣으면
재료의 잡내를 제거하고,
국물의 농도를 조절할 수 있다.

8 달군 냄비에 ①의 채소, 라임잎,
베트남 고추, 대하 머리를 넣고
센 불에서 3분간 볶는다.

9 양파, 토마토, 물을 넣고
끓어오르면 중간 불에서
3분간 끓인다.

10 대하 몸통, 볶은 멥쌀가루,
③의 소스를 넣고
센 불에서 3~4분간 끓인다.
①의 고수 잎을 곁들인다.

★ 맛있게 즐기기 ★
❶ 삶은 쌀국수를 더하거나
밥과 함께 먹어도 좋다.

❷ 좀 더 부드럽게 즐기고 싶다면
과정 ⑩에서 코코넛밀크 1/2컵
(100㎖)을 더한 후 끓여도 좋다.

푸팟퐁커리

30~35분 / 2~3인분

- 꽃게 2마리(큰 것, 600g)
- 양파 1/2개(100g)
- 쪽파 5줄기
- 달걀 2개
- 식용유 2큰술

마늘 페이스트

- 다진 마늘 1큰술
- 옐로우커리 페이스트 2큰술
  ▶ 낯선 재료 대체하기 122쪽

소스

- 굴소스 1과 1/2큰술
- 양조간장 1/2작은술
- 우유 1과 1/2컵(300㎖)
- 코코넛밀크 1과 1/2컵(300㎖)

코코넛밀크

코코넛 과육을 끓여 만든 액체로
특유의 달콤한 향이 난다.
동남아 요리에서 자주 활용하며
특히 동남아식 커리에 많이 쓰인다.

**낯선 재료
대체하기**

옐로우커리 페이스트 ▶ 카레가루

옐로우커리 페이스트는 강황, 레몬그라스, 마늘, 샬롯, 라임잎 등을
빻아 만든 커리용 양념. 일반 카레가루 3큰술, 물 1큰술을 섞어
대체해도 좋다. 과정 ⑨에서 간을 본 후 카레가루를 추가해도 된다.

1 양파는 굵게 채 썰고,
쪽파는 3cm 길이로 썬다.

2 볼에 달걀을 푼다.

3 2개의 볼에 마늘 페이스트,
소스 재료를 각각 섞는다.

4 꽃게는 조리용 솔로 문질러 씻는다.

5 배딱지를 떼어낸 후
몸통과 게딱지를 분리한다.

6 입, 아가미, 다리 끝부분을
잘라낸 후 먹기 좋은 크기로 썬다.

7 깊은 팬을 달궈 식용유,
③의 마늘 페이스트를 넣고
중간 불에서 1분 30초간 볶는다.

8 ③의 소스를 넣고 끓어오르면
꽃게를 넣는다. 뚜껑을 덮고
센 불에서 3분간 끓인다.

9 양파, 쪽파를 넣고
1~2분간 끓인다.

10 달걀물을 돌려가며 붓고
그대로 1~2분간 끓인다.

태국과 라오스에서
즐겨 먹는 그린 파파야 샐러드.
'쏨'은 신맛, '땀'은 빻다라는
의미이며, 절구에 재료들을 넣고
빻아가며 섞는 것이 특징.
고추, 라임, 건새우 등이 어우러져
자극적인 맛이 나므로
찹쌀밥이나 고기 요리에 곁들여
먹는 것을 추천!

"

쏨땀
ส้มตำ

낯선 재료
대체하기

그린 파파야 ▶ 무

노랗게 익은 파파야는 단맛이 강하므로 덜 익은 그린 파파야를 사용한다.
특별한 맛이 없어 다른 재료들의 여러 가지 맛을 잘 흡수하기 때문.
마트에서 보기 어려우므로 온라인몰 구입을 추천.
무 약 300g(지름 10cm, 두께 3cm)을 가늘게 채 썰어 대체해도 좋다.

- 그린 파파야 1개
  ▶ 낯선 재료 대체하기 124쪽
- 당근 1/2개(100g)
- 라임(또는 레몬) 1개
- 고수 1줄기
- 방울토마토 5개(75g)
- 송송 썬 고추 3개(청양고추, 홍고추)
- 마늘 6쪽(30g)
- 건새우 1큰술
- 설탕 2큰술
- 피쉬소스(또는 멸치액젓) 2큰술
- 다진 땅콩 2큰술

Tip

피쉬소스
생선을 발효 시켜 얻는 조미료로 우리나라의 액젓과 비슷한 풍미를 낸다.

1 파파야는 필러로 껍질을 벗겨낸 후 2등분하여 씨를 파낸다.

2 파파야, 당근은 가늘게 채 썬다.
★ 채칼을 사용하면 편하다.

3 라임은 굵은소금으로 껍질을 문질러 씻은 후 길이로 6등분하고, 고수는 잘게 다진다.

4 절구에 고추, 마늘, 건새우를 넣고 빻은 후 방울토마토를 넣고 살짝 빻는다. ★ 절구가 없다면 재료를 칼로 으깨 큰 볼에 섞는다.

5 라임은 즙을 대강 짠 후 그대로 넣는다. 설탕, 피쉬소스, 고수를 넣고 섞는다.

6 파파야, 당근을 넣고 살짝 빻아가며 모든 재료를 골고루 섞는다. 다진 땅콩을 뿌린다.

★ 맛있게 즐기기 ★
❶ 오래두면 물이 생기므로 만든 후 바로 먹는다.
❷ 찹쌀밥 또는 담백하게 구운 고기와 함께 먹으면 더욱 맛있다.

차게 먹는 태국식
누들 샐러드. 요리명은
새콤한 샐러드를 칭하는 '얌'에
당면을 뜻하는 '운센'이
조합된 것이다. 면은 주로
버미셀리(매우 가는 쌀국수)나
멍빈누들(녹두당면)을
사용한다.

얌운센
ยำวุ้นเส้น

얌운센

25~35분(+ 버미셀리 불리기 30분) / 2~3인분

- 버미셀리 1줌(불리기 전, 50g)
  ▶ 낯선 재료 대체하기 128쪽
- 쇠고기 불고기용 200g
- 양상추 3장(45g)
- 쌈무 6장
- 오이 1/2개(100g)
- 양파 1/2개(100g)
- 깻잎 5장(10g)
- 식용유 1큰술

소스
- 다진 고추 2개(홍고추, 청양고추)
- 생수 3큰술
- 레몬즙 3큰술
- 피쉬소스 1큰술
  ▶ 낯선 재료 대체하기 128쪽
- 양조간장 1/2큰술
- 스위트 칠리소스 3큰술

밑간
- 설탕 1큰술
- 다진 파 1큰술
- 양조간장 1큰술
- 올리고당 1큰술
- 참기름 1큰술
- 다진 마늘 1작은술
- 후춧가루 약간

**낯선 재료
대체하기**

버미셀리 ▶ 당면
버미셀리는 쌀국수의 일종으로 매우 가는 것이
특징이다. 동량의 당면으로 대체 가능하며
이때, 불린 당면을 끓는 물(4컵)에 넣어
포장지에 적힌 시간대로 삶아 더한다.

피쉬소스 ▶ 멸치액젓
피쉬소스는 생선을 발효 시켜 얻는 조미료로
우리나라의 액젓과 비슷한 풍미를 낸다.
동량의 멸치액젓으로 대체해도 좋다.

1 버미셀리는 잠길 만큼의 찬물에 담가 30분간 불린다.

2 볼에 소스 재료를 섞은 후 냉장실에 넣어둔다.

3 양상추는 한입 크기로 뜯고, 쌈무는 1cm 두께로 썬다.

4 오이는 길이로 2등분한 후 얇게 어슷 썰고, 양파, 깻잎은 가늘게 채 썬다.

5 쇠고기는 키친타월로 핏물을 없앤 후 한입 크기로 썬다.

6 밑간 재료와 버무린다.

7 달군 팬에 식용유, 쇠고기를 넣고 센 불에서 3분간 바싹 볶는다.

8 끓는 물(3컵)에 버미셀리를 넣고 센 불에서 30초간 삶는다. 체에 밭쳐 헹군 후 물기를 뺀다.

9 그릇에 모든 재료를 담고 소스를 곁들인다. ★소스의 양은 기호에 따라 조절한다.

Thailand

> 줄기 속이 비어있어
> '공심채(空心菜, 팍붕,
> 모닝글로리)'라 불리는 채소를
> 센 불에 볶은 것. 동남아 지역에서
> 우리나라의 김치처럼 즐겨 먹는 요리이다.
> 단맛이 강하고 콩의 알갱이가
> 살아있는 태국 된장을 사용하고,
> 마늘과 고추로 알싸한
> 풍미를 더해야 제맛.
> "

팟 팍붕 파이뎅
ผัดผักบุ้งไฟแดง

낯선 재료 대체하기

공심채 ▶ **미나리 또는 유채나물**
줄기의 속이 비어있는 잎채소로
중국이나 동남아 지역에서 많이 난다.
봄~늦여름에 대형 마트, 온라인몰에서 구입 가능.
동량의 미나리, 유채나물로 대체해도 좋다.

태국 된장 ▶ **미소된장**
태국 된장(따오찌야우)은 한국 된장에 비해
달고, 질감이 묽다. 수입 식재료몰에서 구입 가능.
동량의 미소된장으로 대체해도 좋다.

- 공심채 200g
  - ▶ 낯선 재료 대체하기 130쪽
- 마늘 5쪽(25g)
- 베트남 고추 5개
- 식용유 1큰술
- 다진 땅콩 2큰술

소스
- 굴소스 1큰술
- 태국 된장 1큰술
  - ▶ 낯선 재료 대체하기 130쪽
- 피쉬소스(또는 멸치액젓) 1작은술

Tip

피쉬소스
생선을 발효 시켜 얻는 조미료로
우리나라의 액젓과 비슷한
풍미를 낸다.

1 공심채는 시든 잎을 떼어 낸다.

2 3등분한다.

3 마늘은 굵게 다진다.

4 볼에 소스 재료를 섞는다.

5 깊은 팬을 달궈 식용유,
마늘, 베트남 고추를 넣고
중간 불에서 1~2분간 볶는다.

6 공심채를 넣고
센 불에서 3분간 볶는다.

7 ④의 소스를 넣고 1분간 볶은 후
불을 끈다. 다진 땅콩을 뿌린다.

팟타이

ผัดไทย

"

요리명에 국가명 '타이'가
들어갈 정도로 태국을 대표하는
볶음 쌀국수. 본래 타마린드라는
향신 열매로 새콤한 소스를 만들어
사용하는데, 구하기 어려우므로
피쉬소스, 칠리소스, 굴소스 등을
배합해 현지 맛을 최대한
재현했다.

낯선 재료
대체하기

피쉬소스 ▶ 멸치액젓

피쉬소스는 생선을 발효 시켜 얻는 조미료로
우리나라의 액젓과 비슷한 풍미를 낸다.
동량의 멸치액젓으로 대체해도 좋다.

- 쌀국수 1과 1/2줌
  (불리기 전, 75g)
- 냉동 생새우살 8마리(120g)
- 부추 1줌(50g)
- 양파 1/2개(100g)
- 피망 1/2개(50g)
- 숙주 2줌(100g)
- 달걀 2개
- 식용유 1큰술
- 고추기름 2큰술
- 다진 마늘 1큰술
- 다진 땅콩 1큰술

소스
- 설탕 1과 1/2큰술
- 피쉬소스 2큰술
  ⊙ 낯선 재료 대체하기 132쪽
- 식초 1큰술
- 레몬즙 1큰술
- 스리라차 칠리소스 1큰술
  (또는 핫 칠리소스)
- 굴소스 1큰술

Tip

스리라차 칠리소스
고추, 마늘을 발효 시켜
만든 동남아식 칠리소스.
이를 사용해야 현지 맛을
살릴 수 있다.

고추기름 만들기
내열용기에 식용유(5큰술)
+ 고춧가루(2큰술)를 넣고
전자레인지에서 1분간 돌린다.
꺼내 저어준 후 체에 키친타월을
깔고 걸러 식힌다.

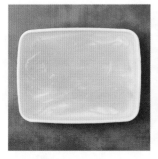

1 쌀국수는 잠길 만큼의
찬물에 담가 30분간 불린다.

2 냉동 생새우살은
찬물에 담가 해동한다.

3 부추는 5cm 길이로 썬다.
양파, 피망은 가늘게 채 썬다.

4 볼에 소스 재료를 섞는다.
다른 볼에 달걀을 푼다.

5 깊은 팬을 달궈 식용유를 두른 후
④의 달걀을 넣고 중약 불에서
2분간 저어가며 익힌 다음
덜어둔다.

6 깊은 팬을 달궈
고추기름, 다진 마늘을 넣고
중간 불에서 1~2분간 볶는다.

7 생새우살, 양파, 소스를 넣고
2~3분간 볶는다.

8 쌀국수, 부추, 피망, 숙주,
⑤의 달걀을 넣고 1분간 볶은 후
다진 땅콩을 뿌린다.

신선한 채소, 고기 등의
다양한 재료를 '반짱(Bánh tráng;
라이스 페이퍼)'에 싸서 먹는 음식.
우리는 '월남쌈'이라 부르며
서양에서는 샐러드롤, 섬머롤이라고
한다. 좀 더 푸짐하게 즐기고 싶다면
삶은 쌀국수를 속재료로
활용해도 좋다.

,,

고이꾸온
Gỏi cuốn

134

쌀농사에 최적의 환경을
가진 베트남. 덕분에 쌀로 만든
국수가 발달했다. '퍼(Phở)'는
쌀국수를 통칭하며, 주재료인 고기가
쇠고기면 '퍼보', 닭고기면
'퍼가'라고 한다. 국물에는 팔각,
계피 등의 향신료를 듬뿍 넣어
깊은 풍미를 낼 것.

퍼보
Phở bò

고이꾸온

30~35분 / 2~3인분

- 닭다릿살 200g
- 라이스 페이퍼약 10장
- 숙주 1줌(50g)
- 파프리카 1/2개(100g)
- 양파 1/2개(100g)
- 깻잎 5장(10g)
- 양상추 3장(45g)
- 고수 5줄기(생략 가능)
- 파인애플 링 1~2개
- 식용유 1큰술

밑간
- 다진 마늘 1큰술
- 피쉬소스 1큰술
  ▶ 낯선 재료 대체하기 136쪽
- 청주(또는 소주) 1큰술
- 소금 약간

소스 1_ 해선장 칠리소스
- 스위트 칠리소스 6큰술
- 해선장 2와 1/2큰술

소스 2_ 식초 소스
- 송송 썬 청양고추 1개
- 다진 마늘 1큰술
- 식초 2큰술
- 피쉬소스 2큰술
  ▶ 낯선 재료 대체하기 136쪽
- 시럽 1/2컵
  (뜨거운 물 1/2컵 + 설탕 2큰술)

소스 3_ 땅콩 소스
- 시럽 2큰술
  (뜨거운 물 2큰술 + 설탕 2큰술)
- 땅콩버터 1큰술
- 레몬즙 1작은술
- 핫소스 1작은술

Tip

해선장
콩을 발효 시킨 것에 마늘, 식초,
고추를 넣어 만든 소스. 호이신
소스(Hoisin sauce)라고도 한다.

소스 사용하기
소스는 취향에 따라
1~2가지만 곁들여도 좋으며,
시판 월남쌈 소스를 구입해도 좋다.
해선장, 피쉬소스, 칠리소스,
땅콩버터 등 여러 가지 베이스의
다양한 소스를 볼 수 있다.

**낯선 재료
대체하기**

 피쉬소스 ▶ 멸치액젓
피쉬소스는 생선을 발효 시켜 얻는 조미료로
우리나라의 액젓과 비슷한 풍미를 낸다.
동량의 멸치액젓으로 대체해도 좋다.

1 닭다릿살은 두꺼운 부분을 저며
펼친 후 4~5회 칼집을 낸다.

2 밑간 재료와 버무린다.

3 파프리카, 양파는 가늘게 채 썬다.

4 깻잎, 양상추는 가늘게 채 썬다.

5 고수는 5cm 길이로 썰고,
파인애플 링은 한입 크기로 썬다.

6 볼에 3가지 소스 재료를
각각 섞는다. ★ 취향에 따라
1~2가지만 만들어도 좋다.

7 달군 팬에 식용유, 닭다릿살을 넣고
센 불에서 앞뒤로 각각
3분씩 노릇하게 굽는다.

8 닭다릿살을 가위로 길게 자른 후
중간 불에서 뒤집어가며
2~3분간 속까지 익힌다.

9 그릇에 모든 재료를 담는다.
미지근한 물, 라이스 페이퍼,
3가지 소스를 함께 낸다.

★ 맛있게 즐기기 ★

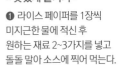

❶ 라이스 페이퍼를 1장씩
미지근한 물에 적신 후
원하는 재료 2~3가지를 넣고
돌돌 말아 소스에 찍어 먹는다.

❷ 속재료에 삶은 쌀국수를 더하면
더 든든하게 즐길 수 있다.

퍼보

30~40분(+ 양파절임 숙성 시키기 3시간, 국물 끓이기 2시간) / 2~3인분

Tip

- 쌀국수 2줌(불리기 전, 100g)
- 숙주 2줌(100g)

양파절임
- 양파 1개(200g)
- 슬라이스 레몬 3~4조각
- 설탕 2큰술
- 생수 2큰술
- 식초 2큰술

국물
- 쇠고기 양지 400g
- 양파 1개(200g)
- 생강 1톨(5g)
- 셀러리 줄기 20cm
  ▶ 낯선 재료 대체하기 138쪽
- 계피스틱 1대
- 월계수잎 3장(생략 가능)
- 팔각 2개
- 소금 1/2큰술(기호에 따라 가감)
- 통후추 1/2큰술
- 코리앤더시드 1/2작은술
  ▶ 낯선 재료 대체하기 138쪽
- 물 10컵(2ℓ)

계피
상쾌한 청량감, 매운맛,
단맛이 나는 향신료.
계피와 비슷한 시나몬은
약초향과 같은 특유의 풍미가
덜한 편이므로 계피를 사용할 것.

팔각
별 모양의 향신료로 매콤한
약초향이 난다. 고기의 잡내를 잡아줘
갈비찜, 육개장, 동파육(86쪽) 등
다양한 고기 요리에 쓰인다.

낯선 재료 대체하기

셀러리 ▶ 대파
셀러리는 시원하고 독특한 향과
쌉싸래한 맛이 특징인 향신 채소이다.
특유의 풍미는 덜해지지만 대파(흰 부분)
20cm를 어슷 썰어 대체해도 좋다.

코리앤더시드 ▶ 통후추
코리앤더시드는 고수의 씨앗으로
상큼한 시트러스향이 나는 향신료이다.
동량의 통후추로 대체해도 좋다.

1 양파절임 재료의 양파는
링 모양으로 얇게 썬다.
나머지 절임 재료와 섞어
냉장실에서 3시간 이상
숙성 시킨 후 물기를 뺀다.

2 쇠고기는 잠길 만큼의 찬물에
30분간 담가 핏물을 뺀다.

3 쌀국수는 잠길 만큼의
찬물에 담가 30분간 불린다.

국물내기

4 국물 재료의 양파, 생강,
셀러리 줄기는 한입 크기로 썬다.

5 큰 냄비를 달궈 ④를 넣고
센 불에서 2~3분간
태우듯이 바싹 볶는다.

6 나머지 국물 재료를 넣고
끓어오르면 뚜껑을 덮어
중약 불에서 1시간 이상
끓인 후 불을 끈다.

7 국물은 체에 밭쳐 걸러내고,
소금으로 부족한 간을 더한다.
고기는 얇게 편 썬다.

요리하기

8 끓는 물(5컵)에 쌀국수를 넣고
30초간 삶는다.
체에 밭쳐 헹군 후 물기를 뺀다.

9 그릇에 쌀국수, 고기, 국물,
숙주, 양파절임을 나눠 담는다.
★국물이 식었다면 데운다.
남은 양파절임은 반찬으로
곁들여도 좋다.

★ 맛있게 즐기기 ★
기호에 따라 고수,
해선장(27쪽), 남은 양파절임을
더해가며 먹는다.

분보남보
Bún bò nam bộ

"

'분'은 얇은 쌀국수,
'보'는 쇠고기, '남보'는 한자로
남부(南部)를 가리키며 조합하면
'남부식 쇠고기 쌀국수'란 뜻.
면, 볶은 고기, 각종 채소를
새콤달콤한 양념에 비벼 먹는
비빔 쌀국수인 것. 채소들은 가늘게
채 썰어야 면과 잘 어우러져
더욱 맛있다.

낯선 재료
대체하기

버미셀리 ▶ 소면
버미셀리는 쌀국수의 일종으로 매우 가는 것이 특징.
소면 2줌(140g)으로 대체해도 좋다.
이때, 끓는 물(6컵)에 소면을 넣고
포장지에 적힌 시간만큼 삶아 더한다.

피쉬소스 ▶ 멸치액젓
피쉬소스는 생선을 발효 시켜 얻는 조미료로
우리나라의 액젓과 비슷한 풍미를 낸다.
동량의 멸치액젓으로 대체해도 좋다.

- 버미셀리 2줌(불리기 전, 100g)
  ▶ 낯선 재료 대체하기 140쪽
- 쇠고기 불고기용 200g
- 숙주 1줌(50g)
- 오이 1/4개(50g)
- 당근 1/4개(50g)
- 파프리카 1/2개(100g)
- 상추 4장(40g)
- 파인애플 링 1~2개
- 식용유 1큰술

양념
- 피쉬소스 1큰술
  ▶ 낯선 재료 대체하기 140쪽
- 맛술 1/2큰술
- 양조간장 1/2큰술
- 설탕 1작은술
- 다진 마늘 1작은술

소스
- 다진 청양고추 1개
- 설탕 1/2큰술
- 다진 마늘 1큰술
- 레몬즙 1큰술
- 스위트 칠리소스 1과 1/2큰술
- 피쉬소스 2작은술
  ▶ 낯선 재료 대체하기 140쪽

채소, 과일 사용하기
오이, 파프리카는 서로 대체해도
좋다. 이때, 총량은 150g이 되도록
한다. 파인애플 링은 사과 1/2개를
가늘게 채 썰거나 망고 1/2개를
한입 크기로 썰어 대체해도 좋다.

Tip

1 버미셀리는 잠길 만큼의
   찬물에 담가 30분간 불린다.

2 쇠고기는 키친타월로
   핏물을 없앤 후
   양념 재료와 버무린다.

3 볼에 소스 재료를 섞는다.

4 오이, 당근, 파프리카는
   가늘게 채 썬다.

5 상추, 파인애플 링은
   한입 크기로 썬다.

6 달군 팬에 식용유, ②의 쇠고기를
   넣고 센 불에서 3분간 바싹 볶는다.

7 끓는 물(5컵)에 버미셀리를 넣고
   30초간 삶은 후 체에 밭쳐
   헹궈 물기를 뺀다.

8 그릇에 모든 재료를 나눠 담고
   소스를 곁들인 후 비벼 먹는다.
   ★차게 먹어야 맛있으며
   고수를 곁들여도 좋다.
   소스의 양은 기호에 따라 조절한다.

짜조
Chả giò

"

라이스 페이퍼에 고기,
새우, 채소 등으로 만든 소를 넣고
돌돌 말아 튀긴 베트남식 만두.
북부 지역에서는 '넴잔(Nem rán)'
일명 '넴'이라고도 부른다.
중국의 춘권과 비슷하므로
라이스 페이퍼 대신 춘권피에
감싸 튀겨도 좋다.

★ 춘권 만들기 144쪽

분짜

Bún chả

"

면, 채소, 돼지고기를
한 번에 집어 묶은 느억짬 소스에
퐁당 담갔다가 먹는 음식.
마치 냉면과 숯불고기를 함께 먹는
느낌이다. 고기는 숯불에 굽는 것이
정석이지만 석쇠를 활용해 불맛을
입혀줘도 좋다. 짜조와 함께
먹어도 잘 어울린다.

143

짜조

40~50분 / 10개분

- 라이스 페이퍼 10장
- 냉동 생새우살 7마리(약 100g)
- 다진 돼지고기 100g
- 당근 1/4개(50g)
- 불린 목이버섯 2장
  ▶ 낯선 재료 대체하기 144쪽
- 식용유 1큰술 + 4컵(800㎖)

밑간
- 청주(또는 소주) 1작은술
- 소금 약간
- 후춧가루 약간

양념
- 다진 양파 3큰술
- 다진 파 2큰술
- 다진 마늘 1큰술
- 스위트 칠리소스 3큰술
- 청주(또는 소주) 1작은술

Tip

라이스 페이퍼 사용하기
물에 푹 적셔 사용하는 일반
라이스 페이퍼를 사용했지만,
'반다넴'이라 불리는 튀김용
라이스 페이퍼를 활용해도 좋다.
이는 마른 상태 그대로 사용하며
과정 ⑧에서 손끝에 물을
살짝 묻혀 접는 부분에만 바른다.
수입 식재료몰에서 구입 가능.

춘권 만들기
라이스 페이퍼 대신 춘권피를
사용하여 동일한 방식으로 만들면
중국식 만두인 춘권이 완성된다.
라이스 페이퍼는 쌀가루로,
춘권피는 밀가루로 만든 것이 차이.

**낯선 재료
대체하기**

목이버섯 ▶ 표고버섯
목이버섯은 '나무에 달린 귀' 같다하여 이름 붙여진 버섯으로
쫄깃한 식감이 특징. 보통 말린 상태로 판매되므로 불린 후 사용한다.
짜조에 식감을 주기 위해 사용하는데, 표고버섯 2개(50g)로 대체해도 좋다.

1 냉동 생새우살은
찬물에 담가 해동한 후
체에 밭쳐 물기를 없앤다.

2 돼지고기는 키친타월로
핏물을 없앤 후
밑간 재료와 버무린다.

3 당근, 불린 목이버섯은
잘게 다진다. ★목이버섯은
대개 말린 상태로 판매되므로
찬물에 30분 이상 불린다.

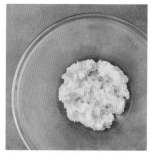

4 생새우살은 잘게 다진 후
볼에 담는다.

5 ④의 볼에 당근, 목이버섯,
양념 재료를 넣고 버무린다.

6 달군 팬에 식용유 1큰술,
②의 돼지고기를 넣고
중간 불에서 2~3분간 볶는다.

7 ⑤를 넣고 2분간 볶은 후
한 김 식힌다.

8 라이스 페이퍼는 미지근한 물에
1장씩 담가 적신 후 펼친다.
⑦을 약 2큰술씩 넣고 양옆을
안쪽으로 접은 후 당겨가며
돌돌 만다. ★라이스 페이퍼가
마르면 물을 약간씩 더 바른다.

9 깊은 팬에 식용유 4컵을 넣고
170℃로 끓인다.
⑧을 넣고 중간 불에서
1~2분간 노릇하게 튀긴다.
★기름 온도 확인하기 18쪽

10 체에 밭쳐 기름기를 뺀다.

★ 맛있게 즐기기 ★
칠리소스, 초간장,
토마토케첩 등 원하는 소스에
찍어 먹는다. 깻잎, 상추 등에
싸 먹어도 좋다.

분짜

25~35분(+ 고기 재우기, 버미셀리 불리기 30분) / 2~3인분

- 버미셀리 2줌(불리기 전, 100g)
  ▶ 낯선 재료 대체하기 146쪽
- 돼지고기 목살 300g
  (두께 약 1cm)
- 양상추 3장(45g)
- 당근 1/4개(50g)
- 오이 1/2개(100g)

양념
- 베트남 고추 2개(생략 가능)
- 설탕 2큰술
- 다진 마늘 1큰술
- 청주(또는 소주) 3큰술
- 피쉬소스 1과 1/2큰술
- 양조간장 1큰술
- 케쩹 마니스소스 2큰술
  ▶ 낯선 재료 대체하기 146쪽

느억짬 소스
- 송송 썬 홍고추 2개
- 설탕 3큰술
- 다진 양파 1/4개
- 다진 마늘 1큰술
- 식초 2큰술
- 피쉬소스 3큰술
- 라임즙(또는 레몬즙) 3큰술
- 양조간장 1큰술
- 케쩹 마니스소스 1작은술
  ▶ 낯선 재료 대체하기 146쪽
- 생수 1과 1/2컵(300㎖)

Tip

느억짬 소스
베트남에서는 피쉬소스를
'느억맘'이라 하며, 여기에
고추, 설탕, 라임즙 등을 섞은
혼합소스를 '느억짬'이라 한다.

**낯선 재료
대체하기**

버미셀리 ▶ 소면
버미셀리는 쌀국수의 일종으로 매우 가는 것이 특징.
소면 2줌(140g)으로 대체해도 좋다.
이때, 끓는 물(6컵)에 소면을 넣고
포장지에 적힌 시간만큼 삶아 더한다.

케쩹 마니스소스 ▶ 굴소스 + 설탕
인도네시아에서 주로 쓰이는 간장의 한 종류.
토마토케첩과 여러 가지 향신료를 첨가해
일반 간장보다 걸쭉하고 단맛이 난다.
동량의 굴소스에 설탕 약간을 더해 대체해도 좋다.

1 목살은 키친타월로
핏물을 없앤다.

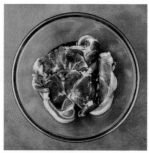

2 양념 재료와 버무린 후
랩을 씌워 냉장실에서
30분간 둔다.

3 버미셀리는 잠길 만큼의
찬물에 담가 30분간 불린다.

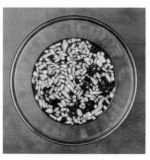

4 볼에 느억짬 소스 재료를 섞은 후
랩을 씌워 냉장실에 넣어둔다.
★소스는 차게 해서 먹어야 맛있다.

5 양상추는 한입 크기로 썬다.

6 당근은 가늘게 채 썰고,
오이는 얇게 어슷 썬다.

7 센 불로 달군 팬에 ②의 목살을
넣고 뒤집어가며 1분, 중약 불로
줄여 뒤집어가며 4~5분간 구운 후
석쇠에 올려 앞뒤로 각각 30초씩
구워 불맛을 입힌다. ★석쇠가
없다면 팬에서 1분간 더 굽는다.

8 끓는 물(5컵)에 버미셀리를
넣고 30초간 삶는다.
체에 받쳐 헹군 후 물기를 뺀다.

9 고기는 한입 크기로 자른다.
그릇에 모든 재료를 나눠 담고
④의 소스를 곁들인다.

★ 맛있게 즐기기 ★
쌀국수, 채소, 고기를
한 번에 집어 느억짬 소스에
푹 적셨다가 먹는다.

반미
Bánh mì

"

쌀을 주식으로 하는
베트남에서는 쌀가루를
섞어 만든 베트남식 바게트를
'반미'라 부른다. 밀가루로만 만든
프랑스식 바게트보다 쫄깃하고
폭식한 식감이 특징. 현재는 이 빵에
고기, 채소절임, 소스 등을
채운 샌드위치를 통상적으로
반미라 한다.

반미

40~50분(+ 절임 숙성 시키기 1시간) / 2개분 / 무 당근절임 냉장 7일

- 바게트 2개(길이 약 15cm)
- 돼지고기 목살 300g
  (두께 약 1cm)
- 양상추 2장(30g)
- 고수 1줄기
- 오이 1/4개(50g)
- 양파 1/4개(50g)
- 달걀 2개
- 마요네즈 1/2큰술
- 식용유 2큰술
- 굴소스 1작은술

스리라차 마요소스
- 마요네즈 2큰술
- 스리라차 칠리소스 1큰술
  ▶ 낯선 재료 대체하기 150쪽
- 설탕 1작은술

양념
- 베트남 고추 2개(생략 가능)
- 설탕 1큰술
- 다진 마늘 1큰술
- 청주(또는 소주) 3큰술
- 피쉬소스(또는 멸치액젓) 1큰술
- 케쳅 마니스소스 2큰술
  ▶ 낯선 재료 대체하기 150쪽

무 당근절임
- 무 지름 10cm, 두께 10cm(1kg)
- 당근 1/2개(100g)
- 슬라이스 레몬 2조각
- 베트남 고추 5개
- 설탕 3/4컵(120g)
- 소금 1/2큰술
- 통후추 1/2큰술
- 피쉬소스(또는 멸치액젓) 1/2큰술
- 양조간장 1/4큰술
- 생수 2컵(400㎖)
- 식초 3/4컵(150㎖)

Tip

반미
반미는 본래 쌀로 만든 바게트를
가리킨다. 온라인몰에서
냉동 상태로 구입 가능하지만,
구하기 쉽지 않으므로
일반 바게트를 사용해도 좋다.

무 당근절임 보관하기
내열용기에 끓는 물(2컵)을 넣고
흔든 후 뒤집어 완전히 말린 다음
과정 ②의 절임물까지 모두 넣는다.
7일간 냉장 보관 가능.

**낯선 재료
대체하기**

스리라차 칠리소스 ▶ 토마토케첩
고추, 마늘을 발효 시켜 만든 동남아식 칠리소스.
매운맛과 풍미는 덜해지지만 동량의 토마토케첩으로
대체해도 좋다. 이때, 스리라차 마요소스 재료의
설탕은 생략한다.

케쳅 마니스소스 ▶ 굴소스 + 설탕
인도네시아에서 주로 쓰이는 간장의 한 종류.
토마토케첩과 여러 가지 향신료를 첨가해
일반 간장보다 걸쭉하고 단맛이 난다.
동량의 굴소스에 설탕 약간을 더해 대체해도 좋다.

1 무, 당근은 최대한 가늘게 채 썬다.
소금(1큰술)과 버무려 30분간
절인 후 체에 밭쳐 물기를 뺀다.
★ 채칼을 사용하면 편하다.

2 모든 무 당근절임 재료를 섞어
냉장실에서 1시간 동안
숙성 시킨다. ★ 완성된 절임의
일부만 사용하고, 남은 절임은
반찬으로 곁들인다.

3 양상추, 고수는 한입 크기로 썬다.
오이는 얇게 어슷 썰고,
양파는 가늘게 채 썬다.

4 볼에 달걀, 마요네즈를 섞는다.
다른 볼에 스리라차 마요소스
재료를 섞는다.

5 목살은 양념 재료와 버무린 후
랩을 씌워 냉장실에서
30분간 둔다.

6 바게트에 깊게 칼집을 낸다.

7 달군 팬에 썬 면이 닿도록
넣은 후 중간 불에서 그대로
1분간 노릇하게 굽는다.

8 달군 팬에 식용유를 두른 후
④의 달걀물을 넣고 중약 불에서
2분간 저어가며 익힌다.
굴소스를 넣어 버무린 후 덜어둔다.

9 센 불로 달군 팬에 ⑤의 목살을
넣고 뒤집어가며 1분, 중약 불로
줄여 5~6분간 뒤집어가며 굽는다.
★ 자주 뒤집어줘야
양념이 타지 않는다.

10 한 김 식힌 후
2~3cm 두께로 썬다.

11 바게트 2개에 ④의 소스를
1작은술씩 펴 바른 후
③, ⑧, ⑩을 나눠 넣는다.
무 당근절임 1/2컵 정도를 얹고
남은 소스를 끼얹는다.

★ 맛있게 즐기기 ★

❶ 랩으로 돌돌 말아둔 후 썰면
좀 더 편하게 먹을 수 있다.

❷ 기호에 따라
남은 무 당근절임을
더 올려 먹어도 좋다.

반쎄오
Bánh xèo

강황가루를 섞어
노란색이 특징인 베트남식
부침개. 반죽에 코코넛밀크를
넣어야 고소한 풍미가 살며,
최대한 얇게 부쳐야 바삭하다.
현지에서는 물에 적시지 않아도 되는
라이스 페이퍼에 상추, 반쎄오
한 조각을 싸서 소스에
찍어 먹곤 한다.

낯선 재료 대체하기

반쎄오가루 ▶ 멥쌀가루

반쎄오가루는 멥쌀가루, 강황가루 등을 배합해
쉽게 반쎄오 반죽을 만들 수 있는 제품이며, 동량의
멥쌀가루(마트용)로 대체해도 좋다. 이때, 강황가루나
카레가루 약간을 더 넣으면 색감과 풍미를 살릴 수 있다.

소스 ▶ 초간장

소개된 소스 대신 초간장을 곁들여도 좋다.
생수 1큰술, 식초 1큰술, 양조간장 1큰술,
설탕 1작은술을 섞으면 된다.

- 냉동 생새우살 7마리(약 100g)
- 베이컨 2줄(30g)
- 숙주 2줌(100g)
- 말린 표고버섯 2개
  (6g, 또는 표고버섯 1개)
- 쪽파 5줄기
- 식용유 1큰술 + 1큰술 + 1큰술

반죽
- 반쎄오가루 10큰술(80g)
  ▸ 낯선 재료 대체하기 152쪽
- 강황가루(또는 카레가루) 1작은술
- 식용유 1/2큰술
- 물 1/2컵(100mℓ)
- 코코넛밀크 1/4컵(50mℓ)

소스
  ▸ 낯선 재료 대체하기 152쪽
- 베트남 고추 2개
- 다진 양파 1큰술
- 피쉬소스 2큰술
- 라임즙(또는 레몬즙) 2큰술
- 스리라차 칠리소스 1큰술
  (또는 핫 칠리소스)
- 설탕 2작은술
- 다진 마늘 1작은술

Tip

코코넛밀크
코코넛 과육을 끓여 만든 액체로
특유의 달콤한 향이 난다.
동남아 요리에서 자주 활용하며
특히 동남아식 커리에 많이 쓰인다.

1 볼에 반죽 재료를 섞고
랩을 씌워 냉장실에서
2시간 이상 숙성 시킨다.
★충분히 숙성 시켜야 구울 때
찢어지지 않고 얇게 부쳐진다.

2 냉동 생새우살은
찬물에 담가 해동한다.
볼에 소스 재료를 섞는다.

3 말린 표고버섯은 불린 후 채 썰고,
쪽파는 4cm 길이로 썬다.
★말린 표고버섯은
따뜻한 물에 20분 이상 불린다.

4 베이컨은 1.5cm 두께로 썰고,
생새우살은 저며 2등분한다.

5 달군 팬에 식용유 1큰술,
베이컨, 생새우살, 표고버섯을 넣고
센 불에서 1~2분, 숙주, 쪽파를
넣고 1분간 볶은 후 덜어둔다

6 충분히 달군 팬에 식용유 1큰술을
두른 후 ①의 반죽 1/2분량을 넣고
팬을 돌려가며 얇게 펼친다.
중약 불에서 그대로 2분간 굽는다.
★깊은 팬 또는 28cm 이상의 넓은
팬을 사용해야 얇게 부칠 수 있다.

7 ⑤를 1/2분량 넣고 약한 불에서
1분간 수분을 날린다.
반으로 접은 후 그릇에 담는다.
같은 방법으로 1개 더 만든 후
②의 소스를 곁들인다.

★ 맛있게 즐기기 ★
❶ 반쎄오를 가위로 먹기 좋게
자른 후 쌈 채소에 얹어
소스에 찍어 먹는다.
❷ 현지에서는 물에 적시지 않는
튀김용 라이스 페이퍼
'반다넴(34쪽)'에 싸 먹기도 한다.

아시안 누들

아시안 누들의 탄생

고고학자들은 인류 최초의 문명 발생지인 메소포타미아에서 최초로 밀을 경작했고, 당시 밀을 사용해 처음으로 국수를 만들어 먹었다고 추정한다.
이후 국수는 실크로드(Silk road; 문화를 교류하는 교통로)를 통해 중국으로 먼저 전해진 후 아시아 전역으로 퍼졌다고. 이때, 아시아 여러 나라의 무역상들이 서로의 요리법을 교류했고, 이를 통해 다양한 형태로 발전하게 된 것이다.

대표적인 면의 종류

• **소면**
  반죽을 길게 늘여서 막대기에 감은 후 당겨 가늘게 만드는 방식
  예) 한국과 일본의 소면

• **납면**
  반죽을 양쪽으로 당기고 늘이는 것을 반복해 여러 가닥으로 만드는 방식
  예) 중국의 수타면, 일본의 라면

• **압면**
  반죽을 구멍이 뚫린 틀에 넣고 힘을 주어 통과 시키는 방식
  예) 한국의 냉면, 중국의 당면

• **절면**
  반죽을 얇고 넓게 민 후 칼로 썰어서 만드는 방식
  예) 한국의 칼국수, 일본의 우동과 소바

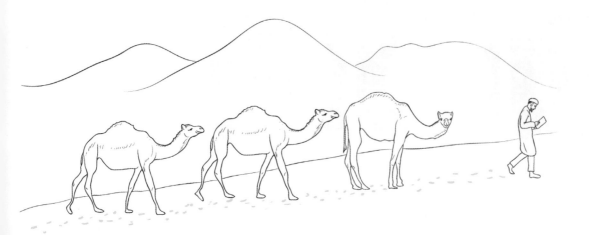

알아두면 더 좋은
세계 요리 이야기

대표적인 아시안 누들 요리

한국 〔칼국수〕〔냉면〕

칼국수 이름 그대로 칼로 썰어 만든 면을
활용한 요리. 반죽을 빠르게 면으로 만들기 위해
칼로 썬 것이 칼국수의 시초이다. 조선시대까지만
해도 밀가루가 귀해 국수는 양반들이나 겨우 먹던
고급 음식이었으나 한국 전쟁 이후, 미국으로부터
구호 식량으로 밀가루가 대량 들어왔고,
이때부터 대중화되었다고 한다.

냉면 오늘날에는 여름 별미로 여기지만
본래 추운 날 동치미 국물에 면을 말아먹던
음식으로 특히 북쪽 지역에서 즐겼다.
크게 평양냉면과 함흥냉면으로 분류되는데,
평양냉면은 담백한 맛이, 함흥냉면은 가자미 같은
생선을 매콤하게 무쳐 고명으로 얹는 것이 특징.
또 하나의 차이는 면을 각각 메밀가루, 전분가루로
만들어 식감 역시 다르다는 것이다.

일본 〔라멘〕〔소바〕〔우동〕

라멘 돼지 잡뼈 또는 가쓰오부시, 멸치 등을
우려낸 국물에 면과 각종 고명을 더해 먹는
요리. 간장 베이스의 '소유라멘', 된장 베이스의
'미소라멘', 돼지뼈를 오래 끓여 뽀얗게 국물을 낸
'돈코츠라멘'이 대표적이다.

소바 관동 지역에서 발달한 메밀국수.
메밀면을 차가운 국물에 담갔다 먹는 것을
'자루소바', 뜨거운 국물에 고명과 함께 만 것을
'가케소바'라고 한다. 면을 각종 재료, 소스와
볶은 '야키소바(50쪽)'도 있다.

우동 밀가루 면에 국물, 유부, 파, 미역, 튀김 등을
곁들여 먹는 요리. '사누키우동', '이나니와우동',
'미즈사와우동'이 3대 우동이라 불리며
사랑받고 있다.

중국 〔작장면〕〔도삭면〕

작장면 짜장면의 원조격으로
중국식 된장을 볶아서 국수에 얹은 것이다.
19세기 인천 제물포항을 개항했을 당시
많은 중국인들이 건너왔고, 산둥 지역 사람들이
고향 음식인 작장면을 선보이기 시작했다.
처음엔 짠맛 중심이었지만 단맛이 가미되며
오늘날의 짜장면 형태가 된 것.

도삭면 두툼한 덩어리 반죽을 어깨에 메고
칼로 깎아가며 만든 면을 활용한 요리.
일정하지 않은 두께의 면발이 특색이며,
얼큰한 국물을 부어 먹곤 한다.

대만 〔우육면 110쪽〕

중국 란저우시에서 유래한 국수로 중국뿐만
아니라 대만, 홍콩 등 중화권에서 대중적으로
즐겨 먹는다. 중국식은 뽀얀 사골 국물에
고추기름을, 대만식은 큼지막한 쇠고기와
청경채를 넣는 것이 특징이다.

홍콩 〔완탕면〕

담백한 맑은 국물에 중국식 만두인 딤섬과
꼬들꼬들한 에그누들을 더한 요리.
주로 새우딤섬 또는 쇠고기딤섬을 넣는다.

태국 〔팟타이 132쪽〕

볶음이라는 뜻의 '팟', 태국을 의미하는
'타이'의 합성어. 즉, 태국을 대표하는 볶음
쌀국수인 것. 비슷한 볶음면으로는 간장으로
맛을 내는 '팟씨유', 고추기름으로 매운맛을
극대화하는 '팟키마오'가 있다.

베트남 〔퍼 135쪽〕

'퍼'는 하노이 지역의 대표 음식으로
우리가 흔히 먹는 쌀국수의 원어이기도 하다.
크게 쇠고기를 넣은 '퍼보',
닭고기를 넣은 '퍼가'로 나뉜다.

싱가포르 〔락사 176쪽〕

생선이나 닭으로 만든 매콤한 국물에
쌀국수를 더한 요리. 타마린드즙
(향신 열매의 즙으로 신맛이 남)을 넣어
새콤한 '아쌈 락사', 코코넛밀크를 넣어
부드럽게 만든 '락사 르막'이 대표적.

인도네시아 〔미고렝〕

인도네시아어로 '미'는 국수, '고렝'은
볶음을 의미한다. 면, 고기 또는 새우, 각종 채소를
삼발소스(24쪽), 케첩 마니스소스(26쪽)에
볶은 것. 달걀로 만든 에그누들을
사용하는 것이 특징이다.

155

Indi

Singapore

Indonesia

요리명 알아 감자·채안배·베어·인도네시아·이스라엘 문화원

인도
싱가포르
인도네시아
레바논
이스라엘 ──── 나라명만 봤을 땐 단번에 떠오르는 요리가 없을지라도
소개된 메뉴들을 보면 '아, 이게 이 나라 요리였구나!'라는
생각이 들 거예요. 카페에서 종종 만나던 '카야 토스트'는
싱가포르 요리, 다이어터들이 즐겨먹는 '후무스'는 레바논 요리,
SNS에서 '에그 인 헬'이란 별칭으로 유명한 '샤크슈카'는
바로 이스라엘 요리! 조금은 낯선 나라들과
한 걸음 가까워지는 시간을 가져볼까요?

Lebanon

Israel

치킨 마크니 커리
चिकन मक्खनी

"
'마크니'는 버터, 생크림 등의
크림류를 뜻하며 마크니 커리는
이를 넣어 끓인 것이 특징이다.
종류로는 콩을 넣은 '달 마크니',
치킨을 넣은 '무르그 마크니'가
대표적이며 맛은 인도 커리를 처음
접하는 사람도 거부감 없이
먹을 수 있는 편.

밀가루를 발효 시켜
화덕에 구운 빵으로 그 맛이
담백해 커리와 잘 어울린다.
'인도의 주식 = 난'이라고
많이들 알고 있지만 사실
인도에서는 발효 없이 만든 빵인
'짜파티'가 더 대중적.

난
नान

★ 강황밥 만들기 160쪽

치킨 마크니 커리

45~55분(+ 닭안심 재우기 30분) / 2~3인분

- 닭안심 16쪽(400g)
- 양파 1개(200g)
- 버터 1큰술 + 1큰술
- 버터치킨커리 페이스트 3큰술
- 토마토 페이스트 2큰술
  ▶ 낯선 재료 대체하기 160쪽
- 치킨육수 1컵
  (치킨스톡큐브 1/2개 + 물 1컵)
- 생크림 3/4컵(150㎖)
- 소금 약간
- 통후추 간 것 약간

밑간
- 떠먹는 플레인 요구르트 1통(85g)
- 가람마살라 1큰술
  ▶ 낯선 재료 대체하기 160쪽
- 다진 마늘 1큰술
- 소금 약간
- 통후추 간 것 약간

Tip

버터치킨커리 페이스트
토마토 페이스트, 각종 향신료
등을 섞은 양념으로 인도식 마크니
커리를 손쉽게 만들 수 있다.
수입 식재료몰에서 구입 가능.

치킨스톡
닭고기, 닭 뼈 등을 우려 만든
육수를 큐브, 파우더, 액상 형태로
가공한 것. 큐브 1/2개는 파우더나
액상 1작은술로 대체 가능.

강황밥 만들기
냄비에 안남미 1컵(36쪽, 불리기 전,
160g), 올리브유 1큰술, 강황가루
1/2작은술, 물 1컵(200㎖),
코코넛밀크 1/2컵(100㎖)을 섞어
30분간 불린 후 전기압력밥솥에
밥을 짓는다.

**낯선 재료
대체하기**

토마토 페이스트 ▶ 토마토케첩
토마토의 껍질, 씨를 제거하고 과육과 즙을
함께 걸쭉해질 때까지 끓인 것. 농축되어
신맛이 강한 편이고 질감은 고추장과 비슷하다.
동량의 토마토케첩으로 대체해도 좋다.

가람마살라 ▶ 강황가루
가람마살라는 후추, 큐민, 계피, 카르다몸,
정향, 코리앤더시드 등 매운맛이 나는 재료들을
섞은 혼합 향신료. 강황가루 1/2큰술로 대체해도 좋다.

1 닭안심은 한입 크기로 썬다.

2 밑간 재료와 버무린 후 랩을 씌워 냉장실에서 30분간 둔다.

3 양파는 가늘게 채 썬다.

4 달군 냄비에 버터 1큰술, 양파를 넣고 중약 불에서 15분간 갈색이 될 때까지 볶는다.

5 버터치킨커리 페이스트, 토마토 페이스트를 넣고 2~3분간 볶는다.

6 치킨육수를 넣고 끓어오르면 약한 불에서 7~8분간 걸쭉해질 때까지 끓인다.

7 ②의 닭안심을 건져 넣고 2분간 볶은 후 생크림을 넣고 끓어오르면 중간 불에서 7~8분간 끓인다.

8 버터 1큰술, 소금, 통후추 간 것을 넣는다.
★ 기호에 따라 생크림을 더 넣어도 좋다.

★ 맛있게 즐기기 ★
밥 또는 난(162쪽)과 함께 먹는다.
이때, 강황밥(160쪽)을
곁들이면 더 맛있다.

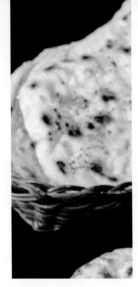

난

30~40분(+ 발효 시키기 45분) / 6개분

반죽
▶ 낯선 재료 대체하기 162쪽
• 밀가루 2와 1/2컵(강력분, 250g)
• 설탕 2작은술
• 소금 1작은술
• 따뜻한 우유 1/2컵(100㎖)
• 드라이 이스트 1작은술
• 올리브유 2큰술

갈릭 버터
• 실온에 둔 버터 3큰술
• 다진 마늘 1큰술
• 파슬리가루 약간(생략 가능)

Tip

드라이 이스트
빵의 발효를 돕는 효모인
이스트(Yeast)를 건조 시킨 것.
대형 마트, 베이킹숍에서 구입 가능.

낯선 재료 대체하기

반죽 ▶ 시판 식빵믹스 또는 난믹스
재료를 배합해 반죽을 만드는 것이 번거롭다면
시판 식빵믹스 또는 난믹스로 대체해도 좋다.
설명서대로 반죽을 만든 후 과정 ⑦~⑩을 진행한다.

1 볼에 설탕, 소금, 따뜻한 우유를
섞는다.

2 밀가루, 드라이 이스트를
체에 내려 넣은 후
대강의 한 덩어리로 만든다.

3 올리브유를 넣고
겉면이 매끈해질 때까지
10분 이상 충분히 치댄다.

4 랩을 씌운 후 따뜻한 물
(38~40℃)이 담긴 큰 볼에
겹쳐 올린다. 따뜻한 곳(오븐
또는 전자레인지 속)에서 2배 이상
부풀 때까지 30분간 발효 시킨다.

5 손가락으로 반죽을 눌렀다
뺐을 때 자국이 남아 있으면
발효가 잘 된 것이다.

6 6등분한 후 젖은 면보를 덮어
따뜻한 곳(오븐 또는 전자레인지
속)에서 15분간 2차 발효 시킨다.

7 조리대에 밀가루(약간)를 뿌린 후
반죽을 1개씩 올려 얇게 밀어 편다.
같은 방법으로 총 6개를 만든다.
★ 밀어 편 반죽도 젖은 면보로
덮어둔다.

8 센 불로 달군 팬에 반죽을 넣고
중간 불로 줄여 그대로
2~3분간 굽는다.

9 기포가 골고루 올라오면
뒤집은 후 뚜껑을 덮고
약한 불에서 2~3분간 굽는다.

10 갈릭 버터 재료를 섞은 후
난이 뜨거울 때 골고루 펴 바른다.
★ 이 과정을 생략하고 담백한
플레인 난으로 즐겨도 좋다.

★ 맛있게 즐기기 ★
손으로 대강 찢어
커리에 찍어 먹으면 더 맛있다.
갈릭 버터를 바른 것은
단독으로 먹어도 좋다.

> 닭고기를 탄두리티카,
> 가람마살라, 요구르트 등에
> 재운 후 고온의 화덕(탄두르,
> Tandoor)에서 구운 요리.
> 다른 나라로 이주한 인도인들이
> 현지에 맞게 변형한 탄두리 치킨을
> 팔았고, 이것이 인기를 끌며
> 인도를 대표하는 음식이
> 되었다.

탄두리 치킨
तंदूरी चिकन

낯선 재료 대체하기

탄두리티카, 가람마살라 ▶ 카레가루
탄두리티카, 가람마살라는 다양한 향신료가
혼합된 시즈닝이다. 현지 맛은 줄어들지만 2가지를
생략하고 카레가루 3큰술로 대체해도 좋다.

칠리파우더 ▶ 고운 고춧가루
매운 고추를 말려 곱게 간 것에
큐민, 마늘 등을 섞은 향신료.
동량의 고운 고춧가루나 일반 고춧가루를
믹서에 곱게 갈아 대체해도 좋다.

- 닭다리 4개
  (허벅지까지 붙은 것, 약 600g)

마리네이드
- 탄두리티카 1과 1/2큰술
  ▶ 낯선 재료 대체하기 164쪽
- 가람마살라 1과 1/2큰술
  ▶ 낯선 재료 대체하기 164쪽
- 떠먹는 플레인 요구르트 1통(85g)

- 다진 마늘 1큰술
- 레몬즙 1큰술
- 칠리파우더 1작은술
  ▶ 낯선 재료 대체하기 164쪽
- 소금 약간
- 후춧가루 약간

Tip

닭고기 사용하기
허벅지까지 붙은 닭다리는
'통닭다리', '장각'으로 검색 후
구입 가능. 일반 닭다리 6개(600g),
닭볶음탕용 1팩(1kg)을
사용해도 좋다.

1 마리네이드 재료를 섞는다.

2 닭다리에 깊게 칼집을 넣은 후
①과 버무린다. 랩을 씌워
냉장실에서 5시간 이상 둔다.

3 달군 팬에 ②의 닭다리를 넣고
센 불에서 앞뒤로 각각 2분씩
겉면을 바싹 굽는다.
★ 오븐은 180℃로 예열한다.

4 종이 포일을 깐 오븐 팬에 옮긴다.

5 180℃로 예열된 오븐의
가운데 칸에서 20~25분간 굽는다.
이때, 중간에 한 번 뒤집어준다.

★ **맛있게 즐기기** ★
가늘게 채 썬 양파를
곁들이면 더 개운하게
즐길 수 있다.

감자, 콩 등으로 만든
속재료를 밀가루 반죽에 채워
튀긴 것으로 인도, 네팔 등지에서
간식으로 즐겨 먹는다. 본래
중동에서 먹던 것이 무역상들에 의해
인도로 전해져 대중화되었다는
설이 있다. 삼각형의 한 귀퉁이를
물어뜯어 뜨거운 김을 내보내
살짝 식힌 후 먹어보자.

"

사모사
समोसा

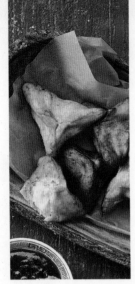

사모사

50~60분 / 20개분

- 감자 2개(400g)
- 양파 1/2개(100g)
- 삶은 병아리콩 3큰술
- 다진 견과류 1큰술
- 카레가루 1큰술
- 가람마살라 1큰술
  ▶ 낯선 재료 대체하기 168쪽
- 큐민가루 1/2작은술
  ▶ 낯선 재료 대체하기 168쪽
- 버터 1작은술
- 소금 약간
- 식용유 1큰술 + 5컵(1ℓ)

반죽
- 밀가루 2컵(중력분, 200g)
- 실온에 둔 버터 2큰술(30g)
- 미지근한물 5큰술
- 올리브유 1큰술
- 소금 1/2작은술
- 후춧가루 약간

Tip

병아리콩 삶기
잠길 만큼의 물에 담가 6시간 동안
불린다. 냄비에 물(3컵),
병아리콩을 넣고 중간 불에서
25~30분간 삶는다. 동량의
통조림 병아리콩을 사용해도 좋다.

낯선 재료 대체하기

가람마살라 ▶ 강황가루
가람마살라는 후추, 큐민, 계피, 카르다몸,
정향, 코리앤더시드 등 매운맛이 나는
재료들을 섞은 혼합 향신료이다.
강황가루 1/2큰술로 대체해도 좋다.

큐민가루 ▶ 통후추 간 것
우리나라에서는 양꼬치를 찍어 먹는 것으로
알려져 있는 향신료. 이국적인 향이 강하고,
후추처럼 톡 쏘는 매운맛이 난다. 특유의 향은 덜해지지만
동량의 통후추 간 것으로 대체해도 좋다.

1 볼에 반죽 재료를 넣고
매끈해질 때까지
10분 이상 충분히 치댄다.

2 랩을 씌워 냉장실에서
30분간 휴지 시킨다.

3 양파는 굵게 다진다.

4 달군 팬에 식용유 1큰술,
양파를 넣고 중간 불에서 2~3분간
노릇하게 볶은 후 덜어둔다.

5 달군 팬에 다진 견과류를 넣고
중간 불에서 2분간 볶는다.

6 냄비에 한입 크기로 썬 감자,
잠길 만큼의 물을 넣고 센 불에서
10~15분간 삶은 후 물기를 뺀다.
뜨거울 때 곱게 으깬다.

7 ⑥의 볼에 반죽과 식용유를 제외한
나머지 모든 재료를 넣고 섞어
속재료를 만든다.

8 ②의 반죽을 원통형 모양으로
길게 만든 후 20등분한다.

9 조리대에 밀가루(약간)를 뿌린 후
반죽을 1개씩 올려 지름 5cm
크기의 원형으로 얇게 밀어 편다.

10 ⑦의 속재료를 약 2큰술씩
넣은 후 반죽의 가장자리
세 부분을 가운데로 모아
사진과 같은 모양으로 빚는다.

11 깊은 팬에 식용유 5컵을 넣고
160℃로 끓인다.
⑩을 넣고 중간 불에서
4~5분간 노릇하게 튀긴다.
★ 기름 온도 확인하기 18쪽

12 체에 밭쳐 기름기를 뺀다.
★ 칠리소스(26쪽) 또는
마크니 커리(158쪽)를
곁들여도 좋다.

★ 달걀볶음밥 만들기 174쪽

튀긴 새우에 시리얼을
버무린 요리. 현지에서는
단맛이 나고 입자가 고운
'네스텀(Nestum)'이라는 시리얼을
사용하는데 우리나라에서는
구하기가 어려워 일반 시리얼을 갈아
사용했다. 새우 한 조각, 시리얼
한 스푼을 함께 먹어야 제대로 된
풍미를 느낄 수 있다.

"

시리얼 프라운
Cereal prawn

칠리크랩
Chili crab

"꽃게를 매콤한 칠리소스에 볶은 요리로 싱가포르에 방문한 여행객들이 시리얼 프라운과 함께 세트로 찾는 인기 메뉴이다. 남은 소스에 담백한 달걀볶음밥을 비벼 먹는 것도 일품. 현지에서는 사이드 메뉴로 기름에 볶은 땅콩을 내어주기도.

시리얼 프라운

30~40분 / 2인분

- 대하 8마리
  (또는 냉동 생새우살 16마리, 240g)
- 버터 1큰술
- 말린 커리잎(또는 라임잎) 5장
  ▶ 낯선 재료 대체하기 172쪽
- 베트남 고추 5개
- 식용유 5컵(1ℓ)

밑간
- 청주(또는 소주) 1큰술
- 소금 약간
- 통후추 간 것 약간

튀김옷
- 달걀 1개
- 감자전분 4큰술

시리얼 파우더
- 시리얼 1컵(달지 않은 것, 40g)
- 코코넛 슬라이스 2큰술
  ▶ 낯선 재료 대체하기 172쪽
- 설탕 1큰술
- 치킨파우더 1큰술
- 소금 약간

치킨파우더
닭고기, 닭 뼈 등을 우려 만든
육수를 가공한 것 중 파우더 형태.
큐브 1개를 부순 후 사용해도 좋다.

**낯선 재료
대체하기**

말린 커리잎 ▶ 바질
커리나무의 잎을 말린 것으로 주로 동남아 요리에
활용하는 향신료이다. 주로 기름에 볶아 향을 내는데
생 바질 또는 말린 바질로 대체해도 좋다.

코코넛 슬라이스 ▶ 다진 견과류
코코넛 과육을 말린 후 곱게 간
슬라이스 형태의 제품.
대형 마트의 베이킹 코너에서 구입 가능.
곱게 다진 견과류로 대체해도 좋다.

1 대하는 긴 수염, 입, 머리 위
뾰족한 부분, 꼬리의 물총을
가위로 잘라낸다.
★ 꼬리의 물총을 제거해야
튀길 때 기름이 튀지 않는다.

2 등쪽 두 번째와 세 번째 마디
사이에 이쑤시개를 넣어
내장을 제거한다.

3 머리를 떼어내고, 꼬리 한 마디를
남기고 껍질을 벗긴다.
★ 기호에 따라 머리를
함께 사용해도 좋다.

4 밑간 재료와 버무린다.

5 다른 볼에 튀김옷 재료를 섞는다.
④의 대하를 넣고 버무린다.

6 깊은 팬에 식용유를 넣고 170℃로
끓인다. ⑤를 넣고 중간 불에서
3분간 노릇하게 튀긴 후
체에 받쳐 기름기를 뺀다.
★ 기름 온도 확인하기 18쪽

7 센 불에서 1~2분간 한 번 더
튀긴 후 체에 받쳐 기름기를 뺀다.
★ 두 번 튀기면 더 바삭하다.

8 시리얼 파우더 재료를
믹서에 대강 간다.

9 달군 팬에 버터, 말린 커리잎,
베트남 고추, ⑧을 넣고
중간 불에서 1~2분간 볶는다.

10 불을 끄고 열기가 남아 있을 때
튀긴 대하를 넣어 섞는다.

★ 맛있게 즐기기 ★
새우에 시리얼이 착 달라붙지
않으므로 숟가락이나 포크를
사용해 함께 떠 먹는다.

칠리크랩

35~45분 / 2~3인분

- 냉동 절단꽃게 500g
- 마늘 5쪽(25g)
- 달걀 1개
- 멥쌀가루(또는 밀가루) 4큰술
- 고추기름 3큰술
- 다진 생강 1/2큰술
- 식용유 5컵(1ℓ)

튀김옷

- 감자전분 7큰술
- 물 1/2컵(100㎖)

소스

- 베트남 고추 5개
- 샬롯 1개(또는 양파 1/6개, 35g)
- 설탕 3큰술
- 양조간장 2큰술
- 핫 칠리소스 5큰술
- 토마토케첩 3큰술
- 삼발소스 1큰술
  - ▶ 낯선 재료 대체하기 174쪽
- 케켑 마니스소스 1큰술
  - ▶ 낯선 재료 대체하기 174쪽
- 고춧가루 1작은술
- 물 1컵(200㎖)

샬롯

지름 5cm 정도의 미니 양파.
일반 양파보다 단맛이 강하며
보라색을 띤다.

고추기름 만들기

내열용기에 식용유(6큰술)
+고춧가루(3큰술)를 넣고
전자레인지에서 1분간 돌린다.
꺼내 저어준 후 체에
키친타월을 깔고 걸러 식힌다.

달걀볶음밥 만들기

달군 팬에 식용유 2큰술을 두른 후
달걀 2개를 넣고 중약 불에서 2분간
저어가며 익힌다. 밥 1공기(200g),
소금 약간, 후춧가루 약간을 넣고
1~2분간 볶는다. 싱겁게 만들어야
칠리크랩에 곁들이기 좋다.

**낯선 재료
대체하기**

삼발소스 ▶ 핫 칠리소스

싱가포르, 인도네시아, 말레이시아에서 주로 사용하는
매운 소스. 고추, 마늘, 양파 등의 향신 채소를 절구에
빻은 후 기름에 볶아 만든 것. 삼발소스를 생략하고
소스 재료의 핫 칠리소스(26쪽)를 6큰술로 늘려도 좋다.

케켑 마니스소스 ▶ 굴소스+설탕

인도네시아에서 주로 쓰이는 간장의 한 종류.
토마토케첩과 여러 가지 향신료를 첨가해
일반 간장보다 걸쭉하고 단맛이 난다.
동량의 굴소스에 설탕 약간을 더해 대체해도 좋다.

1 꽃게는 체에 받쳐 헹군 후 물기를 뺀다.

2 마늘은 굵게 으깬다. 볼에 달걀을 푼다.

3 믹서에 소스 재료를 넣고 간다.

4 꽃게는 키친타월로 물기를 꼼꼼히 없앤 후 멥쌀가루를 골고루 묻힌다.
★ 물기를 꼼꼼히 제거해야 튀길 때 기름이 튀지 않는다.

5 볼에 튀김옷 재료를 섞은 후 꽃게를 넣어 버무린다.

6 깊은 팬에 식용유를 넣고 180℃로 끓인다.
⑤를 넣고 중간 불에서 4~5분간 바싹 튀긴다.
★ 기름 온도 확인하기 18쪽

7 체에 받쳐 기름기를 뺀다.

8 달군 팬에 고추기름, 으깬 마늘을 넣어 중간 불에서 2~3분간 볶는다.

9 ③의 소스를 넣고 끓어오르면 다진 생강을 넣고 1분간 볶는다.

10 튀긴 꽃게를 넣고 섞는다.
②의 달걀을 돌려가며 붓고 1분간 섞은 후 불을 끈다.

★ 맛있게 즐기기 ★
남은 소스에 밥을 비비거나 볶아 먹어도 좋다.
담백한 달걀볶음밥(174쪽)과 함께 먹으면 더 맛있다.

락사
Laksa

" 해산물이나 닭으로 만든
매콤한 국물에 쌀국수를 더한
면 요리. 과거 말레이시아 반도로
이주해온 중국인들에 의해 탄생했다고
알려져 있으며 현재 싱가포르,
말레이시아에서 즐겨 먹는다.
매운맛, 신맛, 고소한 맛 등 다양한 맛의
재료들이 섞여 독특한 풍미를
내기에 조금은 도전 정신이
필요한 요리.

락사

35~45분 / 2~3인분

- 쌀국수 2줌(불리기 전, 100g)
- 대하 5마리(150g)
- 어슷 썬 홍고추 1개
- 고수 1줄기
- 레드커리 페이스트 2와 1/2큰술
- 치킨육수 2와 1/2컵
  (치킨스톡큐브 1개 + 물 2와 1/2컵)
  ▶ 낯선 재료 대체하기 178쪽
- 코코넛밀크 1과 1/2컵(300㎖)
- 라임즙 2큰술
- 피쉬소스 1큰술
  ▶ 낯선 재료 대체하기 178쪽
- 식용유 1큰술

Tip

코코넛밀크
코코넛 과육을 끓여 만든 액체로
특유의 달콤한 향이 난다.
동남아 요리에서 자주 활용하며
특히 동남아식 커리에 많이 쓰인다.

레드커리 페이스트
여러 가지 향신료, 향신 채소를 빻아
만든 걸쭉한 양념으로 특히 고추가
듬뿍 들어가 있어 매운맛이 특징.
수입 식재료몰에서 구입 가능.

낯선 재료 대체하기

치킨육수 ▶ 닭다리 + 물
락사는 닭고기나 해산물을 우린 국물로 만드는 것이 특징.
치킨스톡 대신 닭다리 2개(200g), 물 3과 1/2컵(700㎖)을 끓여
사용해도 좋다. 센 불에서 끓어오르면 중약 불로 줄여 20분간
끓인 후 국물은 과정 ⑦에 넣고, 살은 발라 마지막에 더한다.

피쉬소스 ▶ 멸치액젓
피쉬소스는 생선을 발효 시켜 얻는 조미료로
우리나라의 액젓과 비슷한 풍미를 낸다.
동량의 멸치액젓으로 대체해도 좋다.

1 쌀국수는 잠길 만큼의
  찬물에 담가 30분간 불린다.

2 대하는 긴 수염, 입, 머리 위
  뾰족한 부분을 잘라낸다.

3 등쪽 두 번째와 세 번째 마디
  사이에 이쑤시개를 넣어
  내장을 제거한다.

4 머리를 떼어내고, 껍질을 벗긴다.
  이때, 머리와 껍질은 버리지 않고
  따로 둔다.

5 냄비에 식용유, 대하 머리, 껍질,
  홍고추를 넣고 중간 불에서 3분간
  대하가 노릇해질 때까지 볶는다.
  ★ 대하 머리, 껍질을 넣으면
  감칠맛이 진해진다.

6 레드커리 페이스트를 넣고
  중약 불에서 2분간 볶는다.

7 치킨육수를 넣고 끓어오르면
  7~8분간 끓인다.

8 대하 껍질을 건져낸 후
  대하 몸통, 코코넛밀크를 넣고
  끓어오르면 중간 불에서
  3분간 끓인다.

9 불린 쌀국수를 넣어
  30초간 끓인 후 라임즙,
  피쉬소스, 고수를 넣는다.
  ★ 라임즙, 피쉬소스의 양은
  기호에 따라 조절한다.

★ 맛있게 즐기기 ★
면, 새우에 삼발소스(24쪽)를
곁들여도 좋다.

중국 하이난 지역에서
싱가포르로 이주해온 이민자가
고향에서 먹던 치킨라이스를
만들어 팔던 것에서 기원. 닭 육수로
지은 밥, 삶은 닭고기, 육수, 소스가
한 세트처럼 구성되어 있다.
현지에서는 보통 3가지 소스가
제공되지만 1가지만 곁들여도
괜찮다.

하이난 치킨라이스
Hainanese chicken rice

낯선 재료 대체하기

안남미 ▶ 일반 멥쌀
안남미는 찰기가 적고 길쭉한 모양의 쌀로
인디카 쌀(바스마티, 재스민 쌀)이라 부른다.
우리나라에서 주식으로 먹는 멥쌀로 대체해도 좋다.

케켑 마니스소스 ▶ 굴소스 + 설탕
인도네시아에서 주로 쓰이는 간장의 한 종류.
토마토케첩과 여러 가지 향신료를 첨가해
일반 간장보다 걸쭉하고 단맛이 난다.
동량의 굴소스에 설탕 약간을 더해 대체해도 좋다.

- 닭 1마리(작은 것, 약 500g)
- 안남미 2컵(불리기 전, 320g)
  ▶ 낯선 재료 대체하기 180쪽
- 다진 샬롯(또는 다진 양파) 1큰술
- 다진 마늘 1큰술
- 닭 삶은 물 3컵(600㎖)
- 식용유 1큰술

닭 삶을 물
- 마늘 5쪽(25g)
- 대파 10cm 3대
- 편 썬 생강 1톨(5g)
- 어슷 썬 레몬그라스 2줄기(40g)
- 물 6컵(1.2ℓ)

소스 1
- 송송 썬 홍고추 1개
- 다진 마늘 1/2큰술
- 라임즙(또는 레몬즙) 2큰술
- 생수 1큰술
- 양조간장 1/2큰술
- 다진 생강 1/2작은술

소스 2
- 다진 홍고추 1개
- 송송 썬 쪽파 1큰술
- 양조간장 1큰술
- 고추기름 1큰술
- 다진 마늘 1/2작은술

소스 3
- 케켑 마니스소스 1큰술
  ▶ 낯선 재료 대체하기 180쪽

샬롯
지름 5cm 정도의 미니 양파.
일반 양파보다 단맛이 강하며
보라색을 띤다.

레몬그라스
레몬 향이 나는 허브로 태국의
수프인 똠얌꿍에 꼭 넣는 재료이다.
고기 요리나 생선 요리의 잡내를
잡기 위해 사용한다.

고추기름 만들기 81쪽

1 안남미는 체에 밭쳐 헹군 후
  그대로 30분간 둔다.

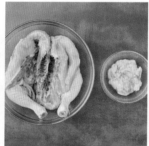

2 닭은 2등분한 후
  껍질을 벗겨 따로 둔다.

3 냄비에 닭 삶을 물 재료를 넣는다.
  중간 불에서 끓어오르면 닭을
  넣고 뚜껑을 덮어 중약 불로 줄여
  40~45분간 끓인 후 불을 끈다.

4 뚜껑을 덮고 불을 켜지 않은 채
  30분간 둬 닭의 속까지 익힌다.
  닭 삶은 물 3컵만 따로 덜어둔다.

5 다른 냄비를 달군 후 식용유,
  다진 샬롯, 다진 마늘, ②의 껍질을
  넣고 중간 불에서 2분간 볶는다.

6 ⑤의 냄비에 안남미, 덜어둔
  닭 삶은 물 3컵을 넣고 센 불에서
  끓어오르면 약한 불로 줄여 뚜껑을
  덮고 10분간 익힌다. 불을 끄고
  10분간 뜸을 들여 밥을 완성한다.

7 ④의 닭을 건져 살만 발라낸다.
  그릇에 ⑥의 밥, 발라낸 살을
  담는다. 3개의 소스를 각각 섞어
  곁들인다. ★④의 닭 삶은 물은
  뜨겁게 끓인 후 곁들여 먹는다.

★ 맛있게 즐기기 ★
❶ 밥과 닭고기에 소스를
끼얹어가며 비벼먹는다.
닭 삶은 물에 송송 썬 대파,
소금 약간을 넣은 후 떠 먹는다.

❷ 어슷 썬 오이를 곁들여도 좋다.

카야 토스트
Kaya toast

"

구운 식빵에 카야잼,
차가운 버터 조각을 샌드한 것.
싱가포르를 대표하는 카야잼은 코코넛,
달걀, 판단잎(꽃 향기가 나는 식물)으로
만든 잼이다. 카야 토스트는
노른자가 흐를 정도로 부드럽게
삶은 달걀, 간장, 백후춧가루를
섞은 것에 찍어 먹곤 한다.

낯선 재료
대체하기

카야잼 ▶ 달걀 + 코코넛밀크 + 설탕

코코넛, 달걀, 판단잎으로 만든 카야잼. 시판 제품을 구입하는 것을 추천.
없다면 대체해도 좋으나 특유의 향은 느낄 수 없다. 달걀 2개를 푼 후 체에 내리고,
설탕 150g, 코코넛밀크 1컵(200㎖)과 섞는다. 약한 불에서 50분~1시간 정도
걸쭉해질 때까지 중탕한다. 이때, 중간중간 덩어리지지 않게 저어준다(약 1컵 분량 / 냉장 5일).

- 식빵 2장
- 카야잼 2큰술
  ▶ 낯선 재료 대체하기 182쪽
- 차가운 덩어리 버터 50g
- 달걀 1개
- 양조간장 1/2작은술
- 백후춧가루(또는 통후추 간 것) 약간
- 참기름 약간

Tip

백후춧가루
흔히 볼 수 있는 흑후추는
덜 익어 녹색을 띠는 후추를 가열해
말린 것이고, 백후추는 껍질을
제거해 말린 것이다. 흑후추에 비해
음식을 더 깔끔하게 만들 수 있다.

식빵 고르기
카야 토스트의 식빵은
얇은 것이 특징. 따라서 두께가
얇은 식빵을 구입하거나
식빵을 포 뜨듯이 2등분한다.

1 달군 팬에 식빵을 넣고
중약 불에서 앞뒤로 각각
1분 30초씩 노릇하게 굽는다.

2 구운 식빵 1장에 카야잼을 바른다.

3 차가운 덩어리 버터를
0.5cm 두께로 썰어 올린 후
다른 식빵으로 덮는다.
★ 버터는 두께를 지켜
얇게 썰어야 맛있다.

4 끓는 물(3컵)에 달걀을 넣고
중간 불에서 1분 30초간
삶은 후 건져낸다.

5 작은 볼에 달걀을 깨뜨린 후
양조간장, 백후춧가루, 참기름을
넣는다. 토스트에 곁들인다.

★ 맛있게 즐기기 ★
삶은 달걀은 노른자가
거의 익지 않은 상태로
깨뜨리면 소스처럼 된다.
여기에 카야 토스트를
푹 찍어 먹는다.

나시고렝
Nasi goreng

''
'나시'는 쌀, '고렝'은 볶음을 뜻하며, 나시고렝은 중국의 볶음밥이 인도네시아로 전파되어 현지식으로 발전한 것이라 전해진다. 인도네시아 대표 소스인 케첩 마니스, 삼발을 사용해야 특유의 짭조름한 맛을 살릴 수 있다. 참고로 비슷한 이름을 가진 '미고렝'은 볶음면을 뜻한다.

낯선 재료 대체하기

 삼발소스 ▶ **핫 칠리소스**

싱가포르, 인도네시아, 말레이시아에서 주로 사용하는 고추 소스. 고추, 마늘, 양파 등의 향신 채소를 절구에 빻은 후 기름에 볶아 만든 것. 삼발소스를 생략하고 핫 칠리소스(26쪽)를 1큰술로 늘려도 된다.

 케첩 마니스소스 ▶ **굴소스 + 설탕**

인도네시아에서 주로 쓰이는 간장의 한 종류. 토마토케첩과 여러 가지 향신료를 첨가해 일반 간장보다 걸쭉하고 단맛이 난다. 동량의 굴소스에 설탕 약간을 더해 대체해도 좋다.

- 밥 1과 1/2공기(300g)
- 닭안심 4쪽(100g)
- 냉동 생새우살 5마리(75g)
- 숙주 2줌(100g)
- 마늘 5쪽(25g)
- 양파 1/2개(100g)
- 양배추 2장(60g)
- 홍고추 1개(생략 가능)
- 쪽파 5줄기
- 식용유 5큰술
- 고추기름 1큰술
- 소금 약간
- 통후추 간 것 약간

밑간
- 청주(또는 소주) 1큰술
- 소금 약간
- 통후추 간 것 약간

달걀물
- 달걀 2개
- 마요네즈 1큰술

양념
- 삼발소스 1/2큰술
  ▶ 낯선 재료 대체하기 184쪽
- 핫 칠리소스 1/2큰술
- 양조간장 1/2작은술
- 피쉬소스(또는 멸치액젓) 1/4작은술
- 케켑 마니스소스 1작은술
  ▶ 낯선 재료 대체하기 184쪽

안남미로 밥짓기
냄비에 안남미 1컵(36쪽, 불리기 전, 160g), 물 1과 1/2컵(300㎖), 청주 1큰술, 올리브유 1큰술, 소금 약간을 섞어 30분간 불린 후 전기압력밥솥에 밥을 짓는다.

고추기름 만들기
내열용기에 식용유(3큰술) + 고춧가루(1큰술)를 넣고 전자레인지에서 1분간 돌린다. 꺼내 저어준 후 체에 키친타월을 깔고 걸러 식힌다.

1 마늘은 얇게 편 썰고, 양파는 굵게 다진다. 양배추는 0.5cm 두께로 채 썰고, 홍고추는 송송 썬다. 쪽파는 5cm 길이로 썬다.

2 닭안심은 한입 크기로 썬 후 밑간 재료와 섞는다. 냉동 생새우살은 찬물에 담가 해동한다. 볼에 달걀물을 섞고, 다른 볼에 양념 재료를 섞는다.

3 달군 팬에 식용유, 마늘을 넣고 중간 불에서 2분간 볶는다. 체에 밭쳐 기름만 따로 둔다.

4 달군 팬에 ③의 기름 1큰술, 달걀물을 넣고 중약 불에서 2분간 저어가며 익힌 후 덜어둔다.

5 달군 팬에 고추기름, ③의 기름 2큰술, 양파를 넣어 중간 불에서 2분간 볶는다.

6 닭안심, 생새우살을 넣고 3분, 밥, 양배추, ②의 양념을 넣어 1~2분간 볶는다.

7 숙주, ③의 볶은 마늘을 넣고 센 불에서 30초간 볶은 후 소금, 통후추 간 것을 넣는다.

8 ④의 달걀, 홍고추, 쪽파를 넣어 1분간 볶는다.
★ 다진 땅콩을 뿌려도 좋다.

Indonesia

사테
Sate

고기를 꼬치에 꿰어 구워 먹는 요리로 인도네시아, 말레이시아 등 동남아 지역에서 즐겨 먹는다. 휴대가 편하고, 저장이 용이한 덕분에 과거 항해를 떠날 때면 이파리로 감싸 챙겨갔었다고. 주로 땅콩을 섞은 삼발소스를 곁들이며 채 썬 양파나 오이와 먹어도 맛있다.

낯선 재료 대체하기

코코넛오일 ▶ 올리브유
코코넛 열매의 하얀 과육에서 추출한 식물성 기름.
특유의 달콤하고 고소한 향이 나는데,
동량의 올리브유로 대체해도 좋다.

186

- 닭다릿살 300g
- 식용유 2큰술 + 2큰술

양념
- 다진 마늘 1/2큰술
- 다진 홍고추 1/2개
- 양조간장 1과 1/2큰술
- 코코넛오일 1큰술
  ▶ 낯선 재료 대체하기 186쪽
- 올리고당 1/2작은술

땅콩 삼발소스
- 홍고추 3개
- 청양고추 2개(기호에 따라 가감)
- 양파 1/2개(100g)
- 마늘 5쪽(25g)
- 땅콩버터 2큰술
- 소금 1/2작은술

Tip

삼발소스
싱가포르, 인도네시아,
말레이시아에서 주로 사용하는
고추 소스로 깔끔한 매운맛이 특징.
고추, 마늘, 양파 등의 향신 채소를
절구에 빻은 후 기름에 볶아 만들며,
시판 제품으로도 구입할 수 있다.

1 닭다릿살은 한입 크기로 썬 후 양념 재료와 버무린다. 랩을 씌워 냉장실에서 30분간 둔다.

2 땅콩 삼발소스 재료의 홍고추, 청양고추, 양파는 한입 크기로 썬다. 마늘은 굵게 으깬다.

3 끓는 물(2컵)에 홍고추, 청양고추를 넣고 1분간 삶은 후 체에 받쳐 물기를 뺀다.

4 달군 냄비에 식용유 2큰술, ②의 양파, 마늘을 넣고 중간 불에서 3분간 볶은 후 불을 끈다.

5 믹서에 ③, ④, 땅콩버터, 소금을 넣고 곱게 간다. 이때, ④의 냄비에 있는 기름까지 모두 넣는다.

6 나무꼬치에 닭다릿살을 끼운다.
★ 나무꼬치는 미리 물에 담가 불려두면 구울 때 타지 않는다.

7 달군 팬에 식용유 2큰술, 꼬치를 넣고 중간 불에서 뒤집어가며 5분간 구운 후 ⑤의 소스를 곁들인다.

★ 맛있게 즐기기 ★
가늘게 채 썬 양파,
밀대로 대강 으깬 오이를
곁들이면 더 개운하다.
남은 땅콩 삼발소스에
채소를 찍어 먹어도 좋다.

후무스

حُمُّص

> 아랍어로 '후무스'는
> 병아리콩을 뜻하며 삶은
> 병아리콩을 으깨 만든 요리 자체를
> 가리키기도. 애피타이저로도 먹지만
> 피타빵, 팔라펠, 삶은 달걀,
> 채소 등과 함께 먹으면
> 더 든든하다. 고소하면서도
> 새콤한 맛이 특징.

중동 지역 길거리 음식의
대표격으로 간 병아리콩에
파슬리, 코리앤더시드 등의
다양한 향신료를 넣고 반죽해 튀긴
요리이다. 후무스나 사워크림을 찍어
먹기도 하며 피타빵 속에 채소절임,
요구르트와 함께 넣어
샌드위치처럼 즐기기도.

팔라펠
فلافل

후무스

30~35분 (+ 병아리콩 불리기 6시간) / 2~3회분

- 병아리콩 1/2컵(불리기 전 80g, 삶은 후 1컵)
- 병아리콩 삶은 물 1/2컵(100㎖)
- 마늘 1쪽(5g)
- 통깨 2큰술
- 레몬즙 2큰술
- 올리브유 2큰술
- 소금 1작은술
- 통후추 간 것 약간

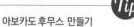

아보카도 후무스 만들기
과정 ④에서 소금의 양을
1과 1/4작은술로 늘리고
아보카도 1/2개
(손질 후 80g)를 더한다.

바질 후무스 만들기
과정 ④에서 소금의 양을
1/3작은술로 줄이고
파마산 치즈가루 1큰술,
생 바질 20장을 더한다.

1 병아리콩은 잠길 만큼의 물에 담가
6시간 이상 불린다.

2 냄비에 물(4컵), 병아리콩을 넣고
중간 불에서 25~30분간 삶는다.

3 삶은 병아리콩은 체에 밭쳐
한 김 식힌다. 병아리콩 삶은 물
1/2컵은 따로 덜어둔다.

4 믹서에 모든 재료를 넣고
곱게 간다.

★ 맛있게 즐기기 ★
담백한 빵에 발라 먹거나
삶은 달걀, 채소 등을 찍어 먹는다.
팔라펠(191쪽)과 함께
먹는 것도 추천.

팔라펠

25~30분(+ 병아리콩 불리기 6시간, 반죽 숙성 시키기 1시간) / 7개분

- 병아리콩 1/2컵(불리기 전 80g)
- 양파 1/4개(50g)
- 다진 마늘 1/2큰술
- 레몬즙 1큰술
- 밀가루 1작은술
- 파프리카가루 1작은술
  (또는 고운 고춧가루)
- 소금 1/2작은술
- 파슬리가루 1/2작은술

- 코리앤더시드 1/2작은술
  (또는 통후추 간 것)
- 큐민가루(또는 카레가루) 1/2작은술
- 식용유 5컵(1ℓ)

Tip

병아리콩
칙피(Chick pea)라고도 불리는
이집트콩. 울퉁불퉁한 모양이
부리가 있는 병아리 머리와 닮았다
하여 붙여진 이름. 삶은 상태의
통조림으로도 구입할 수 있다.

코리앤더시드
고수의 씨앗.
향신료의 일종으로
상큼한 시트러스향이 난다.

1 병아리콩은 잠길 만큼의 물에 담가
6시간 이상 불린다.

2 양파는 굵게 다진다.

3 믹서에 식용유를 제외한
모든 재료를 넣고 거칠게 간다.

4 ③을 볼에 옮긴 후 랩을 씌워
냉장실에서 1시간 이상 숙성
시킨다. ★충분히 숙성 시켜야
튀길 때 부서지지 않는다.

5 숙성된 반죽을 7등분한 후
꼭꼭 힘주어 동그랗게 빚는다.

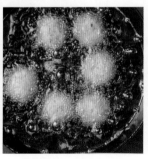

6 깊은 팬에 식용유를 넣고
170℃로 끓인다. ⑤를 넣고
갈색이 될 때까지 5분간
젓가락으로 굴려가며 튀긴다.
★기름 온도 확인하기 18쪽

7 체에 밭쳐 기름기를 뺀다.

★ 맛있게 즐기기 ★
후무스(190쪽), 사워크림(24쪽),
떠먹는 플레인 요구르트 등에
찍어 먹으면 더욱 맛있다.
반죽에 다양한 향신료가 들어있어
소스 없이 먹어도 된다.

샤크슈카
שקשוקה

"
토마토 소스에
달걀을 깨뜨려 졸인 요리로
'샤크슈카'는 '섞는다'란 뜻을 지녔다.
새빨간 소스에 달걀이 얹어진 모습이
지옥 불을 연상시킨다 해 '에그 인 헬
(Egg in hell)'이라는 요리명으로
알려지기도. 이스라엘, 튀니지,
이집트 등에서 아침식사로
즐겨 먹곤 한다.

낯선 재료
대체하기

큐민가루 ▶ 카레가루
우리나라에서는 양꼬치를 찍어 먹는 것으로
알려져 있는 향신료. 이국적인 향이 강하고,
후추처럼 톡 쏘는 매운맛이 난다.
동량의 카레가루로 대체해도 좋다.

카이엔페퍼 ▶ 고운 고춧가루
카이엔페퍼는 남미의 매운 고추 카이엔을 말려
곱게 간 서양식 고춧가루. 동량의 고운 고춧가루 또는
일반 고춧가루를 믹서에 곱게 간 것으로 대체해도 좋다.

- 방울토마토 10개(150g)
- 홀토마토 2컵(400g)
- 달걀 2~3개
- 다진 돼지고기 100g
- 마늘 3쪽(15g)
- 양파 1/4개(50g)
- 피망 1개(100g)
- 올리브유 2큰술 + 1큰술
- 페페론치노 4개
  (또는 청양고추 1~2개)
- 치킨육수 1컵
  (치킨스톡큐브 1/2개 + 물 1컵)

- 큐민가루 1작은술
  ▶ 낯선 재료 대체하기 192쪽
- 카이엔페퍼 1작은술
  ▶ 낯선 재료 대체하기 192쪽
- 소금 약간
- 통후추 간 것 약간

밑간
- 청주(또는 소주) 1작은술
- 소금 약간
- 통후추 간 것 약간

Tip

홀토마토
토마토를 통째로 익힌 후
껍질을 제거해 토마토 즙에
저장한 제품. 요리에 넣을 때
과육과 즙을 함께 사용한다.
통조림 형태로 구입 가능.

치킨스톡
닭고기, 닭 뼈 등을 우려 만든
육수를 큐브, 파우더, 액상 형태로
가공한 것. 큐브 1/2개는 파우더나
액상 1작은술로 대체 가능.

1 방울토마토는 2등분한다.

2 마늘은 얇게 편 썰고,
양파, 피망은 굵게 다진다.

3 다진 돼지고기는 키친타월로
핏물을 없앤 후 밑간 재료와
버무린다.

4 달군 팬에 올리브유 2큰술,
페페론치노, ②의 다진 채소를 넣고
중간 불에서 1~2분간 볶은 후
덜어둔다.

5 달군 팬에 올리브유 1큰술,
③의 돼지고기를 넣고
중간 불에서 2~3분간 볶는다.

6 방울토마토, 홀토마토,
치킨육수, 큐민가루, 카이엔페퍼,
④의 채소를 넣는다.
중약 불에서 걸쭉해질 때까지
8~10분간 으깨가며 끓인다.

7 소금, 통후추 간 것을 넣어 섞는다.
달걀을 1개씩 깨뜨려 넣고 그대로
뚜껑을 덮어 흰자만 불투명하게
익을 때까지 2~3분간 끓인다.

★ **맛있게 즐기기** ★
익지 않은 노른자를 터뜨린 후
완전히 섞지 않고 다른 재료와
함께 떠 담백한 빵(바게트,
식빵 등)에 얹어 먹는다.

커리

커리의 역사

인도

수십 가지 향신료를 혼합한 가루를 뜻하는 '마살라'.
인도에서는 우리네 된장처럼 마살라의 레시피가 집집마다 다른 것이 특징.
주로 스튜를 만드는데 마살라를 사용했고, 때문에 그 맛도 천차만별이었다고.

영국

인도가 영국의 식민지였던 시절, 영국인들은 마살라를 넣은
인도의 스튜에 감명을 받았고, 이를 'Curry(커리)'라 부르며 즐겼다.
'Curry(커리)'는 타밀어(인도어 중 하나)로 소스를 뜻하는 'Kari(카리)'가
잘못 전해지면서 붙여진 이름인 것. 즉, 커리란 메뉴명을 가진 요리는
인도뿐만 아니라 영국에 의해서 더 알려졌다고 볼 수 있다.

일본

메이지 시대, 일본이 항구를 개방하면서 커리가 일본으로 유입된다.
그 후 일본인들의 입맛에 맞게 각종 재료가 더해지고 밀가루, 버터를 넣어
걸쭉한 형태로 재탄생된다. 이것이 'Curry(커리)'의 일본식 발음인
'카레(カレ)'로 불리며 '카레라이스' 형태로 대중화되었다.

한국

1900년대 초반, 일본인에 의해 카레라는 이름과 함께 우리나라에
카레가루가 들어왔다. 시간이 흐르면서 김치를 곁들이기 위해 맛은 연해졌고
강황이 건강에 좋다는 인식에 힘입어 강황을 강조, 색은 더 진해지게 된다.
1969년 ㈜오뚜기사에 의해 최초로 인스턴트 카레의 판매가 시작되면서
우리나라의 카레 대중화가 가속화되었다.

커리 맛있게 즐기는 법

- 인도 북부 지역에서는 대개 짜파티
  또는 난(밀가루를 반죽해 만든 인도의
  전통 빵, 159쪽)을 커리에 찍어 먹는다.

- 매운맛의 커리는 요구르트 드레싱을
  뿌린 샐러드나 달콤한 라씨
  (요구르트 음료, 351쪽)를 함께 먹으면 좋다.

- 시판 재료를 약간씩 더해 끓이면
  색다른 맛을 느낄 수 있다.

달콤한 맛	꿀, 과일잼
부드러운 맛	생크림, 우유, 코코넛밀크
깊은 풍미	치즈, 땅콩버터
새콤한 맛	토마토케첩, 요구르트
고소한 맛	마요네즈

커리의 종류

마크니

인도 펀자브 지방의 전통 커리. 크림류인
버터, 생크림을 듬뿍 넣어 부드러운 맛이 나며
주로 토마토를 더하므로 주황색을 띤다.
주재료가 콩인 '달 마크니', 치킨인 '무르그
마크니(치킨 마크니, 158쪽)'가 대표적이다.

빈달루

인도가 포르투갈의 지배를 받을 당시
매운 고추가 유입되었는데, 이를 더한 커리이다.
식초와 마늘을 넣는 것도 하나의 특징.

팔락 파니르

'팔락'은 시금치, '파니르'는 인도식
코티지 치즈(숙성 시키지 않은 치즈)를 뜻한다.
두 재료를 넣어 만들며, 초록빛을 띤다.

알루

힌디어로 감자를 뜻하는 알루.
감자를 주재료로 하되, 부재료에 따라
'알루 고비(감자 콜리플라워 커리)',
'알루 고슈트(감자 양고기 커리)',
'알루 마타르(감자 완두콩 커리)' 등으로 불린다.

도피아자

페르시아어로 '두 개의 양파'를 의미.
양파를 듬뿍 넣어 만드는 커리이다.

그린 커리·레드 커리

풋고추, 홍고추를 빻은 것을 코코넛밀크와
섞어 만든 태국식 커리로 '깽'이라고도 통칭한다.
주로 가루 상태의 향신료를 배합해
만드는 인도식 커리와 달리 향신 채소를
생으로 빻아 만드는 것이 특징.

Fran

요리명 원어(강수 / 하셔톱

요리명 원어(강수 / 하셔톱

프랑스 ——— 세계무형유산에 식문화가 등재될 만큼
'미식의 나라'로 여겨지는 프랑스. 예로부터 왕권이 강해
궁중 음식들이 발달했고, 프랑스 혁명 이후에는
궁중에 있던 요리사들이 레스토랑을 열면서
고급스러운 식문화가 대중화되었다고 합니다.
매번 식탁에서 격식을 갖춰야 할 것 같지만
의외로 소박한 가정식도 가득한 프랑스 요리!
그 다양한 매력에 지금부터 빠져볼까요?

프랑스 항구 도시
니스에서 유래한 샐러드이다.
앤초비, 참치, 삶은 달걀,
올리브, 채소 등이 주재료이며
달걀을 제외한 모든 재료는
익히지 않는 것이 전통 방법.
식초와 오일 베이스의 비네그레트
(Vinaigrette) 드레싱을
주로 곁들인다.

니수아즈 샐러드
Salade niçoise

코코뱅
Coq au vin

<blockquote>
"

'와인에 빠진 수탉'이라는
뜻으로 특별한 날 차리는
프랑스 대표 가정식. 탄생 유래는
다양한데 질기고 냄새가 나는 큰 닭을
맛있게 먹기 위한 방법이란 설,
앙리 4세가 민생을 챙기기 위한
목적으로 일요일엔 닭을
먹게 하라고 명한 데서 유래
했다는 설 등이 있다.
</blockquote>

니수아즈 샐러드

35~40분(+ 콩 불리기 6시간) / 2~3인분

- 감자 2개(400g)
- 삶은 달걀 1개
- 모둠 콩 1/2컵(불리기 전 80g,
  완두콩, 강낭콩, 병아리콩 등)
- 통조림 참치 1캔(작은 것, 100g)
- 샐러드 채소 30g
  (루꼴라, 치커리, 로메인 등)
- 방울토마토 6개(90g)
- 블랙올리브 5개(생략 가능)
- 적양파 1/2개(또는 양파, 100g)
- 앤초비 2마리(10g)

드레싱
- 다진 마늘 1큰술
- 레몬즙 1큰술
- 올리브유 3큰술
- 소금 1/2작은술
- 디종 머스터드 1작은술
  ▶ 낯선 재료 대체하기 200쪽
- 생 허브 약간

 Tip

블랙올리브
올리브 나무의 열매로
품종이나 익은 정도에 따라
그린, 블랙올리브로 나뉜다.
소금물, 향신료, 식초 등에 절여
캔이나 병에 담겨 판매된다.

앤초비
멸치와 비슷한 작은 생선을
소금에 절인 것. 올리브유에 담겨
통조림, 병조림 형태로 판매된다.

달걀 삶기 67쪽

**낯선 재료
대체하기**

디종 머스터드 ▶ 다른 머스터드
디종 머스터드는 겨자씨로 만든 소스 머스터드에
허브, 화이트와인 등을 섞은 것. 톡 쏘는 맛과 부드러운 풍미가 동시에 느껴진다.
동량의 옐로우 머스터드, 홀그레인 머스터드로 대체하거나 생략해도 좋다.

1 모둠 콩은 잠길 만큼의 물에
담가 6시간 이상 불린다.
냄비에 물(4컵), 콩을 넣고
중간 불에서 25~30분간 삶은 후
체에 밭쳐 물기를 뺀다.

2 냄비에 감자, 잠길 만큼의 물,
소금(약간)을 넣는다.
뚜껑을 덮고 센 불에서 끓어오르면
중간 불로 줄여 25~35분간
젓가락으로 찔렀을 때
쉽게 들어갈 때까지 삶는다.

3 통조림 참치는 체에 밭쳐
숟가락으로 눌러 기름기를 뺀다.

4 샐러드 채소는 한입 크기로 뜯는다.

5 감자는 길이로 6~8등분한다.

6 방울토마토, 블랙올리브는
2등분한다. 적양파는 가늘게 채 썰고,
삶은 달걀은 길이로 4등분한다.

7 앤초비는 키친타월로
기름기를 뺀 후 잘게 다진다.

8 그릇에 모든 재료를 담는다.
드레싱 재료를 섞은 후 곁들인다.
★ 드레싱의 양은
기호에 따라 조절한다.

코코뱅

50~60분 / 2~3인분

 Tip

- 닭다리 6개(600g)
- 베이컨 3줄(45g)
- 양파 1/4개(50g)
- 마늘 6쪽(30g)
- 양송이버섯 8개(160g)
- 당근 1/3개(약 70g)
- 버터 2큰술
- 소금 약간
- 통후추 간 것 약간

소스
- 레드와인 2컵(400㎖)
- 치킨육수 1컵
  (치킨스톡큐브 1/4개 + 물 1컵)
  ▶ 낯선 재료 대체하기 202쪽
- 발사믹식초 1/3컵(약 70㎖)
  ▶ 낯선 재료 대체하기 202쪽

레드와인
껍질을 벗기지 않은 포도를
발효, 숙성 시켜 만들어 레드빛을
띠는 와인. 화이트와인보다
맛이 약간 떫은 편이며
고기 요리에 많이 활용한다.

낯선 재료 대체하기

치킨육수 ▶ 물
치킨스톡은 닭고기, 닭 뼈 등을 우려 만든 육수를
큐브, 파우더, 액상 형태로 가공한 것.
큐브 1/4개는 파우더나 액상 1/2작은술로 대체 가능.
치킨육수 대신 물 1컵으로 대체해도 좋다.

발사믹식초 ▶ 레드와인 + 식초
포도즙을 졸여 만든 식초로 발사믹(Balsamic)은
이탈리아어로 향기가 좋다는 의미. 풍미는 덜해지지만
레드와인 1/4컵(50㎖)에 식초 2큰술을 넣고
중약 불에서 10분간 졸여 대체해도 좋다.

1 볼에 소스 재료를 섞는다.

2 양파, 마늘은 굵게 다진다.

3 양송이버섯은 2등분하고,
당근은 한입 크기로 썬다.

4 베이컨은 1cm 두께로 썰고,
닭다리는 2~3회 깊게 칼집을 낸다.

5 달군 냄비에 버터를 녹인 후
양파, 마늘을 넣고 중간 불에서
1~2분간 볶는다.

6 베이컨을 넣고 1분간 볶는다.

7 닭다리를 넣고 센 불에서
뒤집어가며 겉면만 익을 정도로
3분간 구운 후 닭다리만 덜어둔다.

8 양송이버섯, 당근을 넣고
센 불에서 1~2분간 볶는다.

9 ①의 소스, 덜어둔 닭다리를 넣고
뚜껑을 덮어 중약 불에서
25~30분간 졸인다.
소금, 통후추 간 것을 넣는다.

★ 맛있게 즐기기 ★
삶은 파스타, 삶은 감자,
바게트를 곁들여도 좋다.

> 홍합을 화이트와인과 함께
> 익힌 요리로 국경을 접하고 있는
> 프랑스, 벨기에에서 즐겨 먹는다.
> 홍합의 빈 껍데기를 집게처럼
> 이용해 살을 발라 먹기도.
> 감자튀김과의 궁합도 좋은데 이를
> 곁들이면 '물 프리트(Moules
> frites)'라고 칭한다.

물 마리니에르
Moules marinières

낯선 재료 대체하기

홀토마토 ▶ 완숙 토마토
홀토마토는 토마토를 통째로 익힌 후 껍질을 제거해
토마토 즙에 저장한 제품으로 통조림 형태로 판매된다.
완숙 토마토 2개(300g)에 열십(+)자로 칼집을 내고
끓는 물에 데친 후 껍질을 벗기고 으깨어 사용해도 좋다.

페페론치노 ▶ 청양고추
이탈리아산 매운 고추를 말린 것으로
베트남 고추에 비해 크기가 작고 덜 매운 편.
송송 썬 청양고추 1~2개로 대체해도 좋다.

- 홍합 약 30~35개(700g)
- 양파 1/2개(100g)
- 대파(흰 부분) 10cm
- 올리브유 2큰술
- 다진 마늘 1과 1/2큰술
- 화이트와인 1/2컵(100㎖)
- 홀토마토 1컵(200g)
  ○ 낯선 재료 대체하기 204쪽
- 페페론치노 5개
  ○ 낯선 재료 대체하기 204쪽
- 소금 약간

Tip

화이트와인
껍질을 벗긴 포도를 발효, 숙성
시켜 만들어 투명한 빛을 띠는 와인.
해산물 요리의 비린 맛을 줄이고
풍미를 더하기 위해 사용하며
단맛이 적은 드라이한 와인을
사용하는 것이 좋다.

1 양파, 대파는 굵게 다진다.

2 홍합은 수염을 잡아당겨
떼어낸다.

3 껍데기끼리 비벼가며
불순물을 제거한다.

4 체에 밭쳐 헹군 후 물기를 뺀다.

5 깊은 팬을 달궈 올리브유,
다진 마늘, 양파, 대파를 넣고
센 불에서 1~2분간 볶는다.

6 홍합을 넣고 2분,
화이트와인을 넣고 알코올이
날아갈 때까지 1~2분간 볶는다.

7 홀토마토를 넣고 대강 으깬다.
페페론치노를 넣고 뚜껑을 덮어
중간 불에서 3분간 익힌 후
소금으로 부족한 간을 더한다.

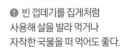

★ 맛있게 즐기기 ★
❶ 빈 껍데기를 집게처럼
사용해 살을 발라 먹거나
자작한 국물을 떠 먹어도 좋다.

❷ 남은 국물에 빵을 찍어
먹거나 삶은 쇼트 파스타를
더하는 것도 추천. 감자튀김과
함께 먹어도 맛있다.

뵈프 부르기뇽
Boeuf bourguignon

★매쉬드 포테이토 만들기 208쪽★

레드와인에 쇠고기를 넣고
푹 쪄낸 요리. 부르고뉴 지역의
가난한 농부들이 고기의 질긴 부위를
버리지 않고 레드와인에 넣고 끓여
먹다가 탄생했단 설이 있다. 이후
유명 셰프가 대중들에게 소개한 덕에
고급 요리로 여겨지곤 한다.
주로 매쉬드 포테이토나 삶은
파스타를 곁들인다.

라따뚜이
Ratatouille

"

프로방스 지역의 요리로
가지, 호박, 토마토 등을
주재료로 한 채소 스튜. 같은 이름의
애니메이션 영화가 히트를 치면서
더욱 유명해졌다. 투박하게 썬 채소를
모두 섞거나 둥근 단면의 채소를
번갈아 담는 2가지 형태로
만나볼 수 있다.

뵈프 부르기뇽

50~55분 / 2~3인분

- 쇠고기 양지 400g
  (또는 사태, 홍두깨살)
- 당근 1/3개(약 70g)
- 양파 1개(200g)
- 마늘 3쪽(15g)
- 양송이버섯 6개(120g)
- 셀러리 줄기 20cm
  ▶ 낯선 재료 대체하기 208쪽
- 베이컨 7줄(약 100g)
- 버터 1큰술
- 밀가루 3큰술
- 홀토마토 1/2컵(100g)
  ▶ 낯선 재료 대체하기 208쪽
- 소금 약간
- 통후추 간 것 약간

국물
- 치킨육수 3컵
  (치킨스톡큐브 1개 + 물 3컵)
- 레드와인 2컵(400㎖)
- 월계수잎 3장
- 로즈메리 2줄기(생략 가능)

치킨스톡
닭고기, 닭 뼈 등을 우려 만든
육수를 큐브, 파우더, 액상 형태로
가공한 것. 큐브 1개는 파우더나
액상 2작은술로 대체 가능.

로즈메리
고기 요리의 잡내를 제거하기 위해
더하는 허브. 열을 가해도 향이
강한 편이라 가열 요리에 사용하기
적합하다. 줄기까지 모두 넣는다.

매쉬드 포테이토 만들기
삶아 으깬 감자 2개,
우유 1과 1/2큰술, 버터 1큰술,
넛맥가루(또는 통후추 간 것) 약간,
소금 약간을 섞는다.

낯선 재료 대체하기

셀러리 ▶ 대파
시원하고 독특한 향과 쌉싸래한 맛이
특징인 향신 채소. 대파(흰 부분)
20cm로 대체해도 좋다.

홀토마토 ▶ 완숙 토마토
토마토를 통째로 익힌 후 껍질을 제거해 토마토 즙에 저장한 제품으로
통조림 형태로 판매된다. 완숙 토마토 1개(150g)에 열십(+)자로 칼집을 내고
끓는 물에 데친 후 껍질을 벗기고 으깨어 사용해도 좋다.

1 당근, 양파는 한입 크기로 썰고, 마늘은 굵게 으깬다.

2 양송이버섯, 셀러리, 베이컨은 한입 크기로 썬다.

3 달군 냄비에 버터를 녹인 후 쇠고기를 덩어리째 넣고 센 불에서 앞뒤로 각각 1분씩 겉면만 익힌 후 불을 끈다.

4 사방 2~3cm 크기로 자른다.

5 다시 중간 불에서 밀가루를 넣고 1분간 볶아 겉면을 코팅한 후 덜어둔다.

6 달군 냄비에 베이컨을 넣고 센 불에서 1분, 당근, 양파, 마늘, 셀러리를 넣고 2~3분간 볶는다.

7 ⑤의 쇠고기를 넣고 2~3분간 볶는다.

8 국물 재료를 넣고 센 불에서 끓어오르면 중간 불로 줄여 15~18분간 자작하게 끓인다.

9 홀토마토를 넣고 으깬 후 양송이버섯을 넣는다. 뚜껑을 덮고 중약 불에서 8~10분간 익힌 후 소금, 통후추 간 것을 넣는다.

★ 맛있게 즐기기 ★
삶은 쇼트 파스타, 매쉬드 포테이토(208쪽)를 곁들여도 좋다.

라따뚜이

35~40분 / 2~3인분

- 다진 쇠고기 150g
- 가지 1개(150g)
- 애호박 1개(270g)
- 감자 1개(200g)
- 토마토 1개(150g)
- 양파 1/2개(100g)
- 올리브유 1큰술
- 다진 마늘 1/2큰술
- 홀토마토 1컵(200g)
  ▶ 낯선 재료 대체하기 210쪽
- 월계수잎 1장(생략 가능)
- 치킨스톡큐브 1/2개
- 파마산 치즈가루 2큰술
- 소금 약간
- 통후추 간 것 약간

Tip

월계수잎
월계수 나무의 잎을 바짝 말린 것.
고기 요리에 1~2장만 넣어도
잡내를 잡아주는 역할을 한다.

치킨스톡
닭고기, 닭 뼈 등을 우려 만든
육수를 큐브, 파우더, 액상 형태로
가공한 것. 큐브 1/2개는 파우더나
액상 1작은술로 대체 가능.

**낯선 재료
대체하기**

홀토마토 ▶ 완숙 토마토
토마토를 통째로 익힌 후 껍질을 제거해 토마토 즙에 저장한 제품으로
통조림 형태로 판매된다. 완숙 토마토 2개(300g)에 열십(+)자로 칼집을 내고
끓는 물에 데친 후 껍질을 벗기고 으깨어 사용해도 좋다.

1 가지, 애호박, 감자, 토마토는
　모양대로 0.5cm 두께로 썬다.
　★오븐은 180℃로 예열한다.

2 양파는 잘게 다진다.

3 쇠고기는 키친타월로
　핏물을 없앤다.

4 달군 팬에 올리브유,
　다진 마늘, 다진 쇠고기를 넣고
　센 불에서 2분간 볶는다.

5 양파를 넣어 1분간 볶는다.

6 홀토마토를 넣고 으깬다.
　월계수잎, 치킨스톡큐브,
　파마산 치즈가루를 넣고
　중간 불에서 3분간 볶는다.
　소금, 통후추 간 것을 넣고 불을 끈다.

7 깊고 넓은 내열용기에 ⑥의 소스를
　펼쳐 담고 사진과 같이 ①의 채소를
　번갈아가며 켜켜이 담는다.

8 180℃로 예열된 오븐의
　가운데 칸에서 12~15분간
　노릇하게 굽는다.

★ 맛있게 즐기기 ★

❶ 구운 닭가슴살 또는 닭안심에
곁들여도 좋다.

❷ 따뜻한 상태로 즐기는 것이
일반적이나 차게 식혀 먹으면
색다르다.

> 사과를 유난스러울 정도로
> 좋아하는 프랑스 노르망디
> 지역에서 즐겨먹는 가정식.
> 고기, 사과, 크림 소스의 조합이
> 어색해 보이지만 꽤 매력적이다.
> 고기의 기름진 풍미와 사과의
> 향긋함이 크림 소스에
> 배어있기 때문. "

애플크림소스 포크
Poitrine de porc aux pommes

**낯선 재료
대체하기**

화이트와인식초 ▶ 레몬즙
화이트와인을 발효 시켜 만든 식초로
일반 식초에 비해 신맛이 약하고 은은한 와인향이 난다.
동량의 레몬즙으로 대체해도 좋다.

- 통삼겹살 400g
- 사과 1/2개(100g)
- 양파 1/2개(100g)
- 올리브유 1큰술
- 버터 2큰술
- 생크림 1/2컵(100㎖)
- 우유 1/2컵(100㎖)
- 파마산 치즈가루 4큰술
- 소금 약간
- 통후추 간 것 약간
- 화이트와인식초 2큰술
  ▶ 낯선 재료 대체하기 212쪽

1 사과, 양파는 모양대로
0.5cm 두께로 썬다.

2 달군 팬에 올리브유, 통삼겹살을
넣고 센 불에서 사방으로
뒤집어가며 5~6분간 구워
겉만 바싹 익힌다.

3 뚜껑을 덮고 약한 불로 줄여
15~20분간 속까지 익힌 후
덜어둔다. 이때, 중간중간
뚜껑을 열어 뒤집어준다.

4 달군 팬에 버터를 녹인 후
사과, 양파를 넣어 중간 불에서
앞뒤로 각각 1분씩 구운 후
덜어둔다.

5 ④의 팬에 생크림, 우유를 넣고
중간 불에서 끓어오르면
파마산 치즈가루, 소금, 통후추
간 것을 넣고 1~2분간 끓인다.

6 통삼겹살을 넣고 1분간 끓인다.
화이트와인식초를 넣고
재빨리 섞은 후 불을 끈다.
그릇에 사과, 양파와 함께 담는다.

★ 맛있게 즐기기 ★

❶ 포크와 나이프로
통삼겹살, 사과, 양파를 썰어
한 입에 먹는다.

❷ 삶은 파스타를 곁들여도 좋다.

항구 도시 마르세유의
어부들에 의해 탄생한 해산물 스튜.
팔고 남은 생선을 한데 모아 푹 끓여
먹었던 것이 시작이었으나 현재는
레스토랑에서 만날 수 있는 고급
요리로 여겨진다. 구운 바게트에
'루유(Rouille)'라는 매콤한
마늘 소스를 바른 후 국물에
담가 먹곤 한다.

"

부야베스
Bouillabaisse

★루유 만들기 216쪽

부야베스

50~60분 / 3인분

- 흰살 생선 1마리(도미, 우럭 등, 약 300g)
- 냉동 생새우살 6마리(90g)
- 냉동 절단꽃게 200g
- 홍합 약 10~15개(200g)
- 손질 오징어 1마리(180g)
- 양파 1개(200g)
- 올리브유 2큰술
- 다진 마늘 2큰술
- 페페론치노 5개
- 토마토 페이스트 1/2컵(100㎖)
- 화이트와인 1/2컵(100㎖)
- 치킨육수 5컵(치킨스톡큐브 1개 + 물 5컵)
  ▶ 낯선 재료 대체하기 216쪽
- 홀토마토 1컵(200g)
  ▶ 낯선 재료 대체하기 216쪽
- 소금 1/2큰술
- 바질 3장(생략 가능)
- 통후추 간 것 약간

토마토 페이스트
토마토의 껍질, 씨를 제거하고
과육과 즙을 함께 걸쭉해질 때까지
끓인 것. 농축되어 신맛이 강한
편이고 질감은 고추장과 비슷하다.
통조림 형태로 구입 가능.

루유(Rouille) 만들기
매콤한 마늘 소스. 바게트에 발라
부야베스에 곁들이곤 한다.
믹서에 식빵 1장(우유에 푹 담갔다
물기를 짠 것), 마늘 8쪽, 홍고추
2개, 올리브유 2큰술, 소금 약간,
후춧가루 약간을 넣고 간다.

**낯선 재료
대체하기**

치킨육수 ▶ 물
치킨스톡은 닭고기, 닭 뼈 등을 우려 만든 육수를 큐브,
파우더, 액상 형태로 가공한 것. 큐브 1개는 파우더나 액상
2작은술로 대체 가능. 부야베스는 여러 가지 해산물을
사용하므로 치킨육수를 동량의 물로 대체해도 좋다.

홀토마토 ▶ 완숙 토마토
홀토마토는 토마토를 통째로 익힌 후 껍질을 제거해
토마토 즙에 저장한 제품으로 통조림 형태로 판매된다.
완숙 토마토 2개(300g)에 열십(+)자로 칼집을 내고
끓는 물에 데친 후 껍질을 벗기고 으깨어 사용해도 좋다.

1 흰살 생선은 씻은 후 3~4등분한다.
냉동 생새우살은 찬물에 담가
해동한다.

2 꽃게는 체에 밭쳐 헹군 후
물기를 뺀다.

3 홍합은 수염을 잡아당겨
떼어낸다.

4 껍데기끼리 비벼가며
불순물을 제거한다.
체에 밭쳐 헹군 후 물기를 뺀다.

5 손질 오징어는 한입 크기로 썬다.
★ 오징어 손질하기 65쪽

6 양파는 굵게 채 썬다.

7 큰 냄비를 달군 후 올리브유,
다진 마늘, 양파, 페페론치노를
넣고 센 불에서 2~3분간 볶는다.

8 토마토 페이스트를 넣고
중간 불에서 3분간 볶는다.

9 꽃게, 홍합 → 생새우살, 오징어
→ 생선 순으로 센 불에서 볶아가며
넣는다. 이때, 화이트와인 1/2컵을
중간중간 나눠 넣는다.

10 치킨육수, 홀토마토를 넣고
으깬다. 끓어오르면 뚜껑을 덮어
중간 불에서 20분간 끓인다.

11 소금, 바질, 통후추 간 것을
넣는다. ★ 간을 본 후 기호에 따라
뜨거운 물을 더 넣고 끓여도 좋다.

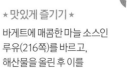

★ 맛있게 즐기기 ★
바게트에 매콤한 마늘 소스인
루유(216쪽)를 바르고,
해산물을 올린 후 이를
국물에 살짝 담갔다가 먹는다.

크레이프는 크게
달콤한 맛의 디저트용 크레이프
(Crêpes sucrées)와 달걀, 햄 등을
넣은 식사용 크레이프(Crêpes salées)
2가지로 나뉜다. 식사용 크레이프를
'갈레트'라고도 부르며 이는 메밀가루로
만드는 것이 특징. 밀이 귀하던
시절 빵 대신 메밀로 끼니를
때우던 것에서 유래.

99

갈레트
Galette

낯선 재료 대체하기

루꼴라 ▶ **시금치 또는 어린잎 채소**
루꼴라는 쌉싸래한 맛, 톡 쏘는 매운맛,
고소한 맛을 모두 지닌 허브. 동량의 시금치나
어린잎 채소로 대체해도 좋다.

메밀가루 ▶ **찹쌀가루**
메밀가루는 메밀을 가루 내어 갈색빛을 띤다.
반죽에 넣으면 식감이 쫀득해지며
동량의 찹쌀가루(마트용)로 대체해도 좋다.

- 베이컨 4줄
  (또는 슬라이스 햄, 살라미 등, 60g)
- 슬라이스 치즈 2장
- 달걀 2개
- 루꼴라 4~6줄기
  ◑ 낯선 재료 대체하기 218쪽
- 식용유 2큰술
- 실온에 둔 버터 2작은술

반죽
- 달걀 1개
- 메밀가루 120g
  ◑ 낯선 재료 대체하기 218쪽
- 설탕 1작은술
- 소금 1/2작은술
- 물 1과 1/4컵(250㎖)

Tip

남은 반죽 보관하기
볼에 담아 랩(또는 뚜껑)을
씌운 후 냉장해두면 1~2일간
보관 가능하다.

반죽

1 볼에 달걀을 제외한 반죽 재료를 넣고 거품기로 덩어리지지 않게 충분히 푼다.

2 달걀 1개를 넣고 섞은 후 랩을 씌워 냉장실에서 1시간 이상 숙성 시킨다.
★ 충분히 숙성 시켜야 구울 때 찢어지지 않는다.

요리하기

3 약한 불로 달군 팬에 식용유를 두른 후 반죽을 넣고 얇게 편다.

4 약한 불에서 3분간 구운 후 반죽이 50% 정도 익으면 버터를 펴 바른다.

5 가운데에 베이컨, 슬라이스 치즈를 겹쳐 올린다.

6 반죽의 사방을 안쪽으로 접어 사각형 모양으로 만든다.

7 가운데에 달걀을 넣는다. 뚜껑을 덮어 1~2분간 익힌 후 그릇에 담고 루꼴라를 곁들인다.

★ 맛있게 즐기기 ★
❶ 포크와 나이프로 갈레트와 루꼴라를 썰어 함께 먹는다.
❷ 따뜻한 커피와 함께 브런치로 즐겨도 좋다.

rance

키쉬
Quiche

99

프랑스 로렌 지방에서
한 끼 식사로 시작된 일종의
타르트이다. 달걀, 생크림,
베이컨이 기본 재료이나
지역별로 어떤 재료를
더하느냐에 그 종류가
다양해진다.

낯선 재료
대체하기

넛맥가루 ▶ 통후추 간 것

매콤한 맛과 달콤한 향이 나는 향신료.
감자와 함께 사용 시 감자 특유의 아린 맛을 줄여준다.
생략할 경우 통후추 간 것 약간을 더 넣어도 좋다.

- 양파 1/2개(100g)
- 감자 1/2개(100g)
- 피망 1/4개(25g)
- 애호박 1/4개(약 70g)
- 양송이버섯 3개(60g)
- 방울토마토 5개(75g)
- 베이컨 2줄(30g)
- 식용유 1큰술

크림
- 달걀 1개
- 달걀흰자 1개
- 우유 5큰술
- 떠먹는 플레인 요구르트 5큰술
- 소금 1작은술
- 넛맥가루 1작은술
- ▶ 낯선 재료 대체하기 220쪽
- 생크림 2/3컵(약 130㎖)
- 통후추 간 것 약간

반죽
- 차가운 밀가루(박력분) 110g
- 차가운 버터 50g
- 달걀노른자 1개
- 우유 1큰술
- 소금 1g

Tip

채소 사용하기
양파, 감자, 피망, 애호박,
양송이버섯 중 2~3가지만
사용해도 좋다. 이때, 총량은
약 350g이 되도록 한다.

1 볼에 크림 재료를 섞는다.
랩을 씌워 냉장실에 넣어둔다.

2 다른 볼에 반죽 재료의 밀가루,
버터를 넣고 버터가 포슬포슬해질
때까지 주걱으로 가르듯이 대강
섞는다. ★ 버터가 녹지 않도록
재빨리 섞는다.

3 나머지 반죽 재료를 모두 넣고
대강 섞어 한 덩어리로 만든다.
위생백에 넣고 냉장실에서
1시간 이상 휴지 시킨다.

4 양파, 감자, 애호박, 양송이버섯은
얇게 썬다. 방울토마토는 2등분하고,
피망, 베이컨은 가늘게 채 썬다.
★ 오븐은 170℃로 예열한다.

5 달군 팬에 식용유를 두른 후
방울토마토를 제외한 ④의
모든 재료를 넣고 2~3분간 볶는다.

6 ③의 반죽을 밀대로 밀어 편 후
타르트 틀에 올려 틀 안쪽의
모양대로 밀착 시킨다.
포크로 바닥을 여러번 찔러
구멍을 낸다.

7 170℃로 예열된 오븐의
가운데 칸에서 10~12분간
구운 후 한 김 식힌다.

8 ⑦에 ⑤, 방울토마토를 펼쳐 담고
①의 크림을 붓는다. 170℃로
예열된 오븐의 가운데 칸에서
15~20분간 촉촉하게 굽는다.

디저트

디저트의 탄생

디저트는 '(식탁 위를) 치우다'라는 의미의 프랑스어 '데세르비르(Desservir)'에서 유래된 말. 본래 식사의 마지막을 장식하는 요리를 디저트라 칭했지만, 굳이 식후가 아니더라도 디저트만 즐겨 먹는 문화가 전 세계적으로 발달하고 있다.

나라별 대표 디저트

일본 　와가시

일본 궁중에서 신에게 바쳤던 음식으로 과거 왕족, 귀족만 먹을 수 있었지만 시간이 지나면서 점차 대중화되었다. 찹쌀과 팥 앙금을 주재료로 하며, 단맛이 강해 차와 함께 먹곤 한다. 우리나라에서는 '화과자'라 부르기도.

중국 　바쓰산야오

기름에 볶거나 튀기는 등의 식문화가 발달한 중국. 때문에 디저트 또한 튀긴 과자, '바쓰산야오(감자, 바나나 등으로 만든 맛탕, 일명 '빠스'라고 불림)'와 같이 기름에 익힌 것을 즐겨 먹는 편.

호주 　래밍턴

스펀지케이크를 작은 큐브 모양으로 썰어 초콜릿을 입힌 후 코코넛가루를 묻힌 것. 실수로 스펀지케이크를 녹인 초콜릿이 담긴 그릇에 빠뜨린 것에서 유래되었다고 전해진다.

프랑스 　에클레르

긴 타원형의 슈 페이스트리에 크림을 채우고 초콜릿, 아이싱 등을 입힌 디저트. 프랑스어로 '번개'라는 뜻을 가졌는데, 표면이 번개처럼 반짝이기 때문이라는 설이 있다. 영어로는 '에클레어'라고 한다.

프랑스 　마카롱

프랑스의 디저트로 많이 알려졌지만 실제로는 이탈리아 베니스 지역에서 처음 만들어졌다고 한다. '마카롱'이란 단어도 섬세한 반죽을 뜻하는 베니스 방언 '마카로네(Macarone)'에서 유래된 것. 초기 마카롱은 쿠키 형태였는데, 20세기 프랑스의 한 과자점에서 마카롱 사이에 크림을 필링한 것이 현재 마카롱의 시초가 되었다.

이탈리아　[젤라또]

일반 아이스크림에 비해 공기 함유량이 적고,
밀도가 높아 단단하고 진한 맛이 나는 젤라또.
이외에도 이탈리아에서는 '소르베(셔벗)',
'마체도니아(과일 펀치)' 등의 디저트가 인기 있다.

스페인　[추로스]

반죽을 길게 짜낸 후 말발굽 모양으로
성형해 튀긴 빵. 식감은 도넛과 비슷하다.
중국의 '유탸오'라는 길쭉한 밀가루 반죽
튀김이 포르투갈을 거쳐 스페인에 전해지며
탄생했다는 설이 있다. 스페인에서는
커피나 뜨거운 초콜릿과 함께 먹곤 한다.

포르투갈　[에그타르트]

포르투갈 리스본의 수녀원에서 탄생한 음식.
수녀복을 빳빳하게 하기 위해 달걀흰자를
사용했는데, 남은 노른자를 처리하고자
에그타르트를 만들기 시작한 것.
이후 한 빵집 주인이 비법을 전수받아 대중들에게
판매하기 시작하며 인기를 끌게 되었다.

벨기에　[와플]

벌집 모양 빵인 와플은 크게 미국식,
벨기에식으로 나뉜다. 우리나라에서 흔히
볼 수 있는 길거리 와플은 베이킹 파우더로
발효 시킨 미국식이고, 브런치 카페 등에서
볼 수 있는 쫀득한 와플은 효모(Yeast)로
발효 시킨 벨기에식인 것.

독일　[슈톨렌]

크리스마스를 기념하기 위해 만드는 빵.
말린 과일을 설탕, 럼에 절인 후 반죽에 넣어
굽는 것이 특징이다. 구운 후 숙성 시키면
더 맛있기에 미리 만들어 조금씩 잘라
먹으면서 크리스마스를 기다리곤 한다고.

영국　[스콘]

포슬포슬하며 담백한 맛의 스콘은
티 문화가 발달한 영국에서 즐겨 먹는
디저트이다. 오후 4~5시에 즐기는
애프터눈 티에 주로 곁들인다.

Italy

요리행 원어 검수 / 김인

이탈리아

피자, 파스타, 리조토. 세계적으로 유명한 이 요리들은
이탈리아가 고향이에요. 사계절이 뚜렷하고, 산과 바다,
평원 모두 잘 갖춰져 있는 자연환경이 이곳을 식재료의
천국으로 만들었지요. 덕분에 식문화 역사도 깊어진
것이고요. '미식의 나라'로 불리는 프랑스 요리도
이탈리아의 영향을 받아 발전했다고 합니다.
생활미식! 이탈리아 요리로 더 풍성하게 즐겨보세요.

넓고 납작한 라자냐와
속재료를 번갈아 쌓은 후 오븐에
구운 파스타의 일종. 라자냐는 면의
한 종류이자 메뉴명으로 통용된다. 대개
다진 고기와 토마토로 만든 볼로네제
소스나 버터, 밀가루가 주재료인 베샤멜
소스를 활용하는데, 소개하는 라자냐는
채소를 듬뿍 넣고, 로제 소스로
깔끔한 맛을 냈다.

99

라자냐
Lasagna

라자냐

40~45분 / 30×15×5cm 내열용기 1개분

- 라자냐 6장
- 가지 1개(150g)
- 주키니호박 1/2개(약 200g)
- 새송이버섯 1개(80g)
- 양파 1/2개(100g)
- 방울토마토 3개(45g, 생략 가능)
- 베이컨 3줄(45g)
- 올리브유 1큰술 + 1큰술
- 슈레드 피자치즈 1컵(100g)
- 버터 2큰술

로제 소스
- ▶ 낯선 재료 대체하기 228쪽
- 버터 2큰술
- 밀가루 4큰술
- 다진 양파 2큰술
- 뜨거운 우유 3/4컵(150㎖)
- 치킨육수 1/2컵
  (치킨스톡큐브 1/4개 + 물 1/2컵)
- 생크림 1/3컵(약 70㎖)
- 홀토마토 1/2컵(100g)
- 소금 1/2작은술
- 통후추 간 것 약간

Tip

라자냐
넓고 납작한 직사각형 모양의
파스타 면.

주키니호박
서양에서 유래된 호박의 일종.
오이와 애호박의 중간 형태를
띠고 있으며, 식감은
애호박보다 단단하다.

치킨스톡
닭고기, 닭 뼈 등을 우려 만든
육수를 큐브, 파우더, 액상 형태로
가공한 것. 큐브 1/4개는 파우더나
액상 1/2작은술로 대체 가능.

채소 사용하기
가지, 주키니호박은 한 종류로
대체해도 좋다. 이때, 가지는 2개,
주키니호박은 2/3개를 사용한다.

낯선 재료 대체하기

로제 소스 ▶ 시판 파스타소스
각종 소스를 섞어 소스를 만드는 대신
시판 파스타소스 1가지를 사용해도 좋다.
로제 또는 볼로네즈 맛을 추천. 이때, 과정 ①~③은 생략한다.

1 달군 냄비에 로제 소스 재료의
버터를 녹인 후 밀가루,
다진 양파를 넣고 중약 불에서
2~3분간 볶는다.

2 뜨거운 우유, 치킨육수를 넣고
끓어오르면 4분간 끓인다.

3 생크림, 홀토마토를 넣고
끓어오르면 1~2분간
으깨가며 끓인 후 불을 끈다.
소금, 통후추 간 것을 넣어
로제 소스를 완성한다.

요리하기

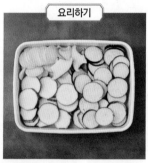

4 가지, 주키니호박, 새송이버섯은
모양대로 얇게 썬다.
소금(약간)을 뿌려둔 후
키친타월로 물기를 없앤다.
★ 오븐은 200℃로 예열한다.

5 양파는 굵게 다지고,
방울토마토는 2등분한다.
베이컨은 0.5cm 두께로 썬다.

6 끓는 물(10컵) + 소금(2큰술)에
라자냐를 1장씩 엇갈리게 넣고
중간 불에서 4~5분간 삶는다.
체에 밭쳐 사이사이마다
올리브유(약간)를 발라둔다.

7 달군 팬에 올리브유 1큰술,
④의 채소를 넣고 센 불에서
뒤집어가며 2~3분간 노릇하게
구운 후 덜어둔다.
★ 팬의 크기에 따라 나눠 굽는다.

8 달군 팬에 올리브유 1큰술,
양파, 베이컨을 넣고 센 불에서
2분간 노릇하게 볶는다.

9 내열용기에 버터를 펴 바른 후
로제 소스, ⑧ → 라자냐 2장 →
⑦의 순으로 켜켜이 2~3회
반복해서 담는다. ★ 라자냐는
최소로 겹치게 하며, 용기의 크기에
따라 2개로 나눠 담아도 좋다.

10 슈레드 피자치즈, 방울토마토를
올리고 200℃로 예열된 오븐의
가운데 칸에서 10~15분간
치즈가 녹을 때까지 굽는다.

우리나라에서는
생크림을 듬뿍 넣은 파스타를
'카르보나라'라고 부르지만
이는 제2차 세계대전 이후 미국으로
이주한 이탈리아인들에 의해
변형된 형태이다. 실제 로마식 정통
카르보나라는 생크림을 사용하지
않고 달걀을 소스처럼
비벼가며 먹는 것이 특징.

카르보나라
Spaghetti alla carbonara

- 스파게티 2줌(160g)
- 베이컨 4줄(60g)
- 마늘 10쪽(50g)
- 달걀노른자 2개
- 올리브유 2큰술
- 스파게티 삶은 물 1/2컵(100㎖)
- 소금 1/2작은술
- 통후추 간 것 약간

달걀물
- 달걀 1개
- 파마산 치즈가루 3큰술

Tip

파마산 치즈가루
파르미지아노 레지아노 치즈
간 것을 뜻한다. 흔히 통에 담아
'파마산 치즈가루'라 판매되는
시판 제품은 치즈의 함량은 적고
옥수수가루, 화학조미료 등을
섞어 만든 것이다. 풍미는 덜하지만
사용하기 간편한 것이 장점.

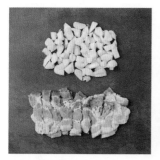

1 마늘은 굵게 으깨고,
베이컨은 1cm 두께로 썬다.

2 끓는 물(10컵) + 소금(1작은술)에
스파게티를 넣고 포장지에 적힌
시간에서 1분을 제외하고 삶아
체에 밭쳐 물기를 뺀다. 이때,
스파게티 삶은 물 1/2컵은 덜어둔다.

3 볼에 달걀물 재료를 푼다.

4 깊은 팬을 달궈 올리브유, 마늘을
넣고 중간 불에서 2~3분,
베이컨을 넣고 2분간 바싹 볶는다.

5 스파게티 삶은 물 1/2컵을 넣고
끓어오르면 스파게티를 넣고
1분 30초간 볶은 후 불을 끈다.

6 뜨거울 때 달걀물을 넣고 비빈 후
소금, 통후추 간 것을 섞는다.
그릇에 나눠 담고 달걀노른자를 올려
비벼가며 먹는다.

★ 맛있게 즐기기 ★

❶ 마지막에 더한 달걀노른자를
터뜨려 비벼가며 먹는다.

❷ 그라나파다노 치즈 간 것을
더해도 좋다.

주로 삶은 감자를 반죽에
더하는 수제비 모양의 뇨끼.
취향에 따라 시금치, 호박,
리코타치즈 등을 섞기도 한다.
표면에 조개껍데기 같은 줄무늬를
내는데, 이는 사이사이 소스가
잘 스며들게 하기 위함이다. 과거
로마에서는 목요일마다 뇨끼를
먹는 관습도 있었다고.

"

뇨끼
Gnocchi

앤초비 파스타
Spaghetti con le acciughe

"

앤초비는 작은 생선을
소금 등에 절인 것으로
이탈리아에서는 파스타의
주재료로 애용한다. 강한 풍미를
느끼고 싶다면 다져서 사용하며,
짠맛이 강하기 때문에
추가적인 간은
하지 않는 것이 좋다.

뇨끼

40~50분 / 2~3인분

- 감자 2개(400g)
- 양파 1/2개(100g)
- 베이컨 2줄(30g)
- 시금치 1줌(50g)
- 밀가루 1과 1/4컵(중력분, 125g)
- 올리브유 1큰술
- 버터 1큰술
- 우유 1컵(200㎖)
- 생크림 3/4컵(150㎖)
- 파마산 치즈가루 5큰술
- 소금 약간
- 통후추 간 것 약간

Tip

파마산 치즈가루
파르미지아노 레지아노 치즈
간 것을 뜻한다. 흔히 통에 담아
'파마산 치즈가루'라 판매되는
시판 제품은 치즈의 함량은 적고
옥수수가루, 화학조미료 등을
섞어 만든 것이다. 풍미는 덜하지만
사용하기 간편한 것이 장점.

1 감자는 한입 크기로 썰고,
양파는 가늘게 채 썬다.
베이컨은 1cm 두께로 썬다.

2 냄비에 감자, 잠길 만큼의 물을 넣고
센 불에서 10~15분간 삶는다.

3 시금치는 뿌리를 제거하고
한 장씩 뜯는다.

4 믹서에 시금치, 물(약간)을 넣고
곱게 간 후 체에 밭쳐 즙을 내린다.
★ 건더기는 버리고 즙만 사용한다.

5 ②의 삶은 감자는 체에 밭쳐
물기를 뺀 후 뜨거울 때
곱게 으깬다.

6 ⑤의 볼에 ④의 시금치즙, 밀가루,
소금을 넣고 매끈해질 때까지
10분 이상 충분히 치댄다.

7 반죽을 지름 2cm의
원통형 모양으로 길게 만든다.

8 한입 크기로 썬 후
포크로 꾹 눌러 모양을 낸다.

9 끓는 물(5컵) + 소금(약간)에
반죽을 넣고 센 불에서
반죽이 떠오를 때까지 4~5분간
삶은 후 체에 밭쳐 물기를 뺀다.

10 달군 팬에 올리브유,
베이컨을 넣고 센 불에서
1~2분간 바싹 볶은 후 덜어둔다.

11 달군 팬에 버터, 양파를 넣어
중간 불에서 1분, 우유, 생크림,
파마산 치즈가루를 넣고
끓어오르면 3~4분간
저어가며 끓인다.

12 ⑨를 넣고 끓어오르면
소금, 통후추 간 것을 섞는다.
그릇에 나눠 담고
⑩의 베이컨을 올린다.

앤초비 파스타

25~30분 / 2~3인분

- 스파게티 2줌(160g)
- 양파 1/2개(100g)
- 마늘 3쪽(15g) + 마늘 3쪽(15g)
- 할라페뇨 3개(30g)
- 앤초비 6마리(30g)
- 페페론치노 2~3개
  ▶ 낯선 재료 대체하기 236쪽
- 치킨스톡큐브 1/2개
- 스파게티 삶은 물 1/2컵(100㎖)
- 올리브유 5큰술 + 1큰술

Tip

할라페뇨
청양고추보다 매운맛이 강한
멕시코산 고추를 절인 것.
초록색, 노란색 두 가지를 볼 수
있는데, 노란색이 더 매콤한 편.

앤초비
멸치와 비슷한 작은 생선을
소금에 절인 것. 올리브유에 담겨
통조림, 병조림 형태로 판매된다.

치킨스톡
닭고기, 닭 뼈 등을 우려 만든
육수를 큐브, 파우더, 액상 형태로
가공한 것. 큐브 1/2개는 파우더나
액상 1작은술로 대체 가능.

**낯선 재료
대체하기**

페페론치노 ▶ **청양고추**
이탈리아산 매운 고추를 말린 것으로
베트남 고추에 비해 크기가 작고 덜 매운 편.
송송 썬 청양고추 1개로 대체해도 좋다.

1 양파, 마늘 3쪽, 할라페뇨는
굵게 다진다.

2 마늘 3쪽은 얇게 편 썰어서
찬물에 10분간 담가둔 후
키친타월로 물기를 없앤다.

3 깊은 팬을 달궈 올리브유 5큰술,
②의 편 썬 마늘을 넣고
중간 불에서 갈색이 될 때까지 3분간
바싹 구운 후 키친타월에 덜어둔다.

4 끓는 물(10컵) + 소금(1작은술)에
스파게티를 넣고 포장지에
적힌 시간에서 1분을 제외하고
삶아 체에 밭쳐 물기를 뺀다.
이때, 스파게티 삶은 물
1/2컵은 덜어둔다.

5 깊은 팬을 달궈 올리브유 1큰술,
양파, ①의 다진 마늘, 할라페뇨를
넣고 중간 불에서 2분간 볶는다.

6 앤초비, 페페론치노, 치킨스톡큐브,
스파게티 삶은 물 1/2컵을 넣고
끓어오르면 3~4분간 볶는다.

7 스파게티를 넣고
1분간 볶은 후 불을 끈다.

8 그릇에 나눠 담고
③의 마늘칩을 올린다.
★ 말린 허브가루를 뿌려도 좋다.

이탈리아어로
포모도로를 직역하면
'황금빛 사과'란 의미. 지금의
빨간 토마토와 달리 예전의 토마토는
노란빛을 띠었기 때문에 붙여진
이름이다. 즉, 포모도로 파스타는
토마토 파스타를 일컫는 것. 토마토의
신선한 풍미와 고소한 치즈의
맛 조합을 느껴보자.

포모도로 파스타
Spaghetti al pomodoro

낯선 재료 대체하기

생 모짜렐라 치즈 ▶ 스트링 치즈
생 모짜렐라 치즈는 신선한 우유 향이 나는 치즈로
소금물과 함께 담겨 판매된다.
스트링 치즈 2개로 대체해도 좋다.

홀토마토 ▶ 완숙 토마토
토마토를 통째로 익힌 후 껍질을 제거해 토마토 즙에
저장한 제품으로 통조림 형태로 판매된다.
완숙 토마토 2개(300g)에 열십(+)자로 칼집을 내고
끓는 물에 데친 후 껍질을 벗기고 으깨어 사용해도 좋다.

- 스파게티 2줌(160g)
- 마늘 3쪽(15g)
- 방울토마토 5개(75g)
- 생 모짜렐라 치즈 1개(120g)
  - ● 낯선 재료 대체하기 238쪽
- 파마산 치즈가루 1큰술
- 스파게티 삶은 물 1/2컵(100㎖)
- 올리브유 1큰술
- 통후추 간 것 약간

소스

- 홀토마토 1컵(200g)
  - ● 낯선 재료 대체하기 238쪽
- 말린 허브가루 1/2작은술
- 설탕 1/2작은술
- 소금 약간

1 마늘은 굵게 다지고,
방울토마토는 2등분한다.

2 끓는 물(10컵)＋소금(1작은술)에
스파게티를 넣고 포장지에
적힌 시간에서 1분을 제외하고
삶아 체에 밭쳐 물기를 뺀다.
이때, 스파게티 삶은 물
1/2컵은 덜어둔다.

3 깊은 팬을 달궈 올리브유, 마늘을
넣고 중간 불에서 2~3분간 볶는다.

4 소스 재료, 스파게티 삶은 물
1/2컵을 넣고 중간 불에서
3분간 으깨가며 끓인다.

5 방울토마토, 파마산 치즈가루를
넣고 생 모짜렐라 치즈를
뜯어 올린 후 1분간 끓인다.

6 스파게티를 넣어 1분간 볶은 후
통후추 간 것을 뿌린다.
그릇에 나눠 담는다.
★ 생 바질을 곁들여도 좋다.

유럽에서 가장 많은
쌀을 생산하는 이탈리아.
그러다보니 쌀이 주재료인 리조토도
발달하게 되었다. 특히 해안 지역인
북부에서는 주로 해산물 리조토를
만들어 먹었는데, 오징어먹물을
더한 것은 베네토 지방의
방식 중 하나.

"

먹물리조토
Risotto al nero di sepia

버섯리조토
Risotto ai funghi

❞

리조토는 쌀, 채소 등을
볶다가 육수를 넣어 졸인 요리이다.
쌀알은 푹 익히지 않고 가운데
심이 남아 있는 '알 덴테(Al dente)'
상태로 볶아 씹는 식감을 내는 것이 좋다.
향이 강한 버섯을 주재료로
많이 활용하는데, 특히 현지에서는
트러플(송로버섯)을
애용하는 편.

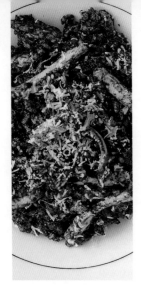

먹물리조토

55~60분 / 2~3인분

- 멥쌀 1컵(160g)
- 손질 오징어 1/2마리(90g)
- 샬롯 1개(또는 양파 1/6개, 35g)
- 올리브유 1큰술 + 1큰술
- 화이트와인 2큰술
- 치킨육수 2컵
  (치킨스톡큐브 1개 + 물 2컵)
  ▶ 낯선 재료 대체하기 242쪽
- 파마산 치즈가루 1큰술
- 버터 1큰술
- 소금 약간
- 통후추 간 것 약간

먹물 소스

- 올리브유 1큰술
- 다진 마늘 1큰술
- 다진 양파 1/4개(50g)
- 오징어먹물 1큰술
- 화이트와인 1/2컵(100㎖)
- 홀토마토 1/4컵(50g)
  ▶ 낯선 재료 대체하기 242쪽
- 물 1컵(200㎖)
- 소금 약간

Tip

샬롯
지름 5cm 정도의 미니 양파.
일반 양파보다 단맛이 강하며
보라색을 띤다.

오징어먹물
오징어 내장에 함유된 천연
색소 성분. 신선한 오징어라면
손질 시 분리해 사용할 수 있으며,
시판 제품으로도 구입할 수 있다.

**낯선 재료
대체하기**

치킨육수 ▶ 채소 우린 물
치킨스톡은 닭고기, 닭 뼈 등을 우려 만든 육수를 큐브, 파우더,
액상 형태로 가공한 것. 큐브 1개는 파우더나 액상 2작은술로
대체 가능. 넉넉한 양의 물에 자투리 채소를 넣고
1시간 이상 끓인 후 이로 대체해도 좋다.

홀토마토 ▶ 완숙 토마토
홀토마토는 토마토를 통째로 익힌 후 껍질을 제거해
토마토 즙에 저장한 제품으로 통조림 형태로 판매된다.
완숙 토마토 1개(150g)에 열십(+)자로 칼집을 내고
끓는 물에 데친 후 껍질을 벗기고 으깨어 사용해도 좋다.

1 달군 냄비에 소스 재료의
올리브유 1큰술, 다진 마늘,
다진 양파를 넣어 중간 불에서
1~2분간 볶는다.

2 오징어먹물, 화이트와인을 넣고
끓어오르면 홀토마토를 넣는다.
중간 불에서 으깨가며
3분간 볶는다.

3 물을 넣고 끓어오르면
약한 불에서 자작해질 때까지
10~12분간 졸인 후 소금을 넣어
먹물 소스를 완성한다.

4 샬롯은 잘게 다진다.

5 손질 오징어는 1cm 두께,
5cm 길이로 썬다.
★ 오징어 손질하기 65쪽

6 달군 팬에 올리브유 1큰술,
오징어, 소금, 통후추 간 것을
넣고 센 불에서 2~3분간 볶은 후
덜어둔다.

7 ⑥의 팬에 올리브유 1큰술,
샬롯을 넣고 중간 불에서 1분,
쌀을 넣어 투명해질 때까지
3~4분간 볶는다. ★ 쌀은 불리지
않고 가볍게 씻어 사용한다.

8 ③의 먹물 소스, 화이트와인을
넣고 2~3분간 볶는다. 치킨육수를
나눠 넣어가며 중약 불에서
수분이 없어질 때까지 15~20분간
중간중간 저어가며 졸인다.

9 ⑥의 볶은 오징어,
파마산 치즈가루, 버터를 넣고
섞은 후 불을 끈다.

버섯리조토

40~45분 / 2~3인분

- 멥쌀 1컵(160g)
- 파프리카 1/2개(100g)
- 양파 1/2개(100g)
- 모둠 버섯 250g
- 프랑크 소시지 3개(120g)
- 타임 2줄기(생략 가능)
- 올리브유 1큰술 + 1큰술
- 화이트와인 3큰술 + 1/3컵(약 70㎖)
- 버터 1큰술
- 다진 마늘 1큰술
- 페페론치노 2~3개
  ▶ 낯선 재료 대체하기 244쪽
- 치킨육수 2컵(치킨스톡큐브 1개 + 물 2컵)
  ▶ 낯선 재료 대체하기 244쪽
- 파마산 치즈가루 1큰술
- 소금 약간
- 통후추 간 것 약간

Tip

타임
쌉싸래한 향이 특징인 허브.
열을 가해도 향이 강한 편이다.

화이트와인
껍질을 벗긴 포도를 발효, 숙성
시켜 만들어 투명한 빛을 띠는 와인.
해산물 요리의 비린 맛을 줄이고
풍미를 더하기 위해 사용하며
단맛이 적은 드라이한 와인을
사용하는 것이 좋다.

낯선 재료 대체하기

페페론치노 ▶ 청양고추
이탈리아산 매운 고추를 말린 것으로
베트남 고추에 비해 크기가 작고 덜 매운 편.
송송 썬 청양고추 1개로 대체해도 좋다.

치킨육수 ▶ 채소 우린 물
치킨스톡은 닭고기, 닭 뼈 등을 우려 만든 육수를
큐브, 파우더, 액상 형태로 가공한 것. 큐브 1개는 파우더나 액상
2작은술로 대체 가능. 넉넉한 양의 물에 자투리 채소를 넣고
1시간 이상 끓인 후 이로 대체해도 좋다. 소금으로 부족한 간을 더한다.

1 파프리카, 양파는 잘게 다진다.

2 버섯, 프랑크 소시지는 한입 크기로 썬다.

3 달군 팬에 올리브유 1큰술, 버섯, 소시지, 타임, 화이트와인 3큰술을 넣고 센 불에서 3분간 볶은 후 덜어둔다.

4 ③의 팬에 올리브유 1큰술, 버터, ①의 양파, 다진 마늘을 넣고 중간 불에서 2분간 볶는다.

5 파프리카, 페페론치노를 넣고 1분간 볶는다.

6 쌀을 넣어 투명해질 때까지 3~4분간 볶다가 화이트와인 1/3컵을 넣고 수분이 없어질 때까지 2~3분간 볶는다.
★ 쌀은 불리지 않고 가볍게 씻어 사용한다.

7 치킨육수를 나눠 넣어가며 중약 불에서 수분이 없어질 때까지 15~20분간 중간중간 저어가며 졸인다.

8 ③, 파마산 치즈가루, 소금, 통후추 간 것을 넣어 섞은 후 불을 끈다.

달걀을 기본으로 다양한
재료를 더한 이탈리아식 오믈렛,
프랑스의 달걀 요리 키쉬(220쪽)와
비슷하나 이는 파이지에 재료를
담고, 프리타타는 팬을 사용하는
것이 차이점이다. 프리타타는 보통
팬과 오븐을 함께 사용해 익히지만
팬 하나로 완성하는
방법을 소개한다.

프리타타
Frittata

- 시금치 1줌(50g)
- 양파 1/2개(100g)
- 방울토마토 3개(45g)
- 베이컨 4줄(60g)
- 식용유 1큰술

달걀물
- 달걀 4개
- 파마산 치즈가루 3큰술
- 우유 3/4컵(150㎖)
- 소금 약간
- 통후추 간 것 약간

1 시금치는 뿌리를 제거하고
한 장씩 뜯는다.

2 양파는 가늘게 채 썰고,
방울토마토는 2등분한다.

3 베이컨은 1cm 두께로 썬다.

4 볼에 달걀물 재료를 푼다.

5 달군 팬에 식용유, 양파를 넣고
중간 불에서 1분,
베이컨을 넣고 2~3분간 볶는다.

6 시금치를 넣고 30초간 볶는다.

7 달걀물, 방울토마토를 넣고
약한 불에서 1분간 저어준다.
재료를 펼친 후 뚜껑을 덮고
가장자리가 노릇해질 때까지
8~10분간 익힌다.
★ 바닥이 타지 않도록 주의한다.

★ 맛있게 즐기기 ★
바게트와 같은
담백한 빵을 곁들여도 좋다.

아란치니
Arancini

99

이탈리아어로
작은 오렌지란 뜻. 밥과 재료를
동그랗게 뭉쳐 튀긴 모양이
흡사 오렌지와 비슷해서 붙여진
이름이다. 고기와 토마토를 베이스로
만든 라구 소스를 곁들이며
삶은 완두콩을 얹어
먹기도 한다.

낯선 재료 대체하기

홀토마토 ▶ 완숙 토마토

토마토를 통째로 익힌 후 껍질을 제거해
토마토 즙에 저장한 제품으로 통조림 형태로 판매된다.
완숙 토마토 2개(300g)에 열십(+)자로 칼집을 내고
끓는 물에 데친 후 껍질을 벗기고 으깨어 사용해도 좋다.

치킨육수 ▶ 물

치킨스톡은 닭고기, 닭 뼈 등을 우려 만든 육수를 큐브,
파우더, 액상 형태로 가공한 것. 큐브 1/4개는 파우더나
액상 1/2작은술로 대체 가능. 아란치니는 재료의 맛이
풍부한 편이므로 치킨육수를 동량의 물로 대체해도 좋다.

- 밥 1공기(200g)
- 베이컨 2줄(30g, 생략 가능)
- 양파 1개(200g)
- 파프리카 1/4개(50g)
- 당근 1/4개(50g)
- 다진 마늘 2큰술 + 1큰술
- 버터 1큰술
- 소금 약간
- 통후추 간 것 약간
- 식용유 1큰술 + 1큰술 + 5컵(1ℓ)

라구 소스
- 다진 쇠고기 200g
- 방울토마토 3개(45g)
- 홀토마토 1컵(200g)
  ▶ 낯선 재료 대체하기 248쪽
- 치킨육수 1/2컵
  (치킨스톡큐브 1/4개 + 물 1/2컵)
  ▶ 낯선 재료 대체하기 248쪽

튀김옷
- 밀가루 2큰술
- 달걀 1개
- 빵가루 4큰술

Tip

채소 사용하기
파프리카, 당근은 한 종류로
대체해도 좋다. 이때,
총량은 100g이 되도록 한다.

1 양파, 파프리카, 당근, 베이컨은
잘게 다진다. 방울토마토는
2등분하고, 다진 쇠고기는
키친타월로 핏물을 없앤다.

2 달군 팬에 식용유 1큰술,
다진 마늘 2큰술, ①의 양파
1/2분량, 파프리카를 넣고 2분,
다진 쇠고기를 넣고 3분간 볶는다.

3 방울토마토, 홀토마토,
치킨육수를 넣고 중간 불에서
7~8분간 으깨가며 졸여
라구 소스를 완성한다.

4 달군 팬에 식용유 1큰술,
다진 마늘 1큰술, ①의 남은 양파
1/2분량, 당근, 베이컨을 넣고
중간 불에서 3분간 볶는다.

5 볼에 밥, 버터, ④, 소금, 통후추
간 것을 넣어 섞은 후 6등분하여
꼭꼭 힘주어 동그랗게 빚는다.

6 볼에 달걀을 푼다.
⑤에 밀가루 → 달걀물 → 빵가루
순으로 반죽을 입힌다.

7 깊은 팬에 식용유 5컵을 넣고
180℃로 끓인다. ⑥을 넣고
중간 불에서 3~4분간
굴려가며 노릇하게 튀긴다.
★ 기름 온도 확인하기 18쪽

8 체에 밭쳐 기름기를 뺀 후
그릇에 라구 소스와 함께 담는다.

치킨 피카타
Piccata di pollo

"

닭가슴살을 얇고 넓게
펼친 후 구워 소스를 곁들인
요리. 케이퍼, 레몬즙, 버터로
만든 소스 덕분에 짭조름함,
새콤함, 기름진 맛이 오묘하게
어우러진다. 드라이한 와인과
함께 먹으면 더욱 맛있다.

낯선 재료 대체하기

케이퍼 ▶ 오이피클

지중해 연안 식물의 꽃봉오리로 주로 소금, 식초, 설탕, 향신료 등에 절여 먹는다.
피카타 소스 특유의 새콤 짭조름한 풍미를 내주는데
동량의 다진 오이피클로 대체해도 좋다. 오이피클은 단맛이
더 강한 편이므로 키친타월로 피클물을 꼼꼼히 제거한다.

- 닭가슴살 2쪽(200g)
- 밀가루 1/2컵(50g)
- 화이트와인 1/2컵(100㎖)
- 버터 2큰술
- 올리브유 1큰술

밑간
- 화이트와인 1큰술
- 소금 약간
- 통후추 간 것 약간

소스
- 다진 케이퍼 2큰술
  - ▶ 낯선 재료 대체하기 250쪽
- 레몬즙 3큰술
- 실온에 둔 버터 1큰술

화이트와인
껍질을 벗긴 포도를 발효,
숙성 시켜 만들어 투명한 빛을 띠는
와인. 잡내를 제거하고
풍미를 더하기 위해 사용하며
단맛이 적은 드라이한 와인을
사용하는 것이 좋다.

1 닭가슴살은 두꺼운 부분을
저며 넓게 펼친다.

2 칼등으로 두드려
최대한 얇게 편다.

3 밑간 재료와 버무린다.

4 볼에 소스 재료를 섞는다.

5 닭가슴살의 앞뒤로
밀가루를 묻힌다.

6 달군 팬에 버터, 올리브유,
닭가슴살을 넣고 중간 불에서
앞뒤로 각각 4~5분씩 노릇하게
구운 후 덜어둔다.

7 달군 팬에 화이트와인을 넣고
센 불에서 2~3분간 끓인 후
④의 소스를 넣고 1~2분간 끓인다.

8 그릇에 구운 닭가슴살을 담고
소스를 곁들인다.
★ 슬라이스 레몬을 곁들여도 좋다.

★고르곤졸라 피자 만들기 254쪽

1889년, 한 요리사가
'마르게리타'란 왕비를 위해
만든 피자이다. 그녀의 극찬을
받으면서 유명해지기 시작한
이 피자는 이후 이탈리아를 대표하는
피자가 되었다. 초록색의 바질,
흰색의 치즈, 빨간색의 토마토로
이탈리아 국기를 표현한 것이
하나의 특징.

"

마르게리타 피자
Pizza margherita

풍기피자

Pizza ai funghi

> 99

'풍기'는 이탈리아어로
버섯을 뜻하며 현지에서는
향이 강한 포르치니버섯으로
만들곤 한다. 본 책에서는 구하기 쉬운
버섯을 활용한 대신 토핑뿐만 아니라
소스에도 버섯을 사용해 진한 풍미를
냈다. 트러플오일이 있다면
마지막에 몇 방울
뿌려도 좋다.

마르게리타 피자

30~35분(+ 도우 발효 시키기 40분) / 지름 약 25cm 1개분

- 생 모짜렐라 치즈 1개(120g)
  ▶ 낯선 재료 대체하기 254쪽
- 바질 4~5장

도우
- 밀가루(강력분) 120g
- 설탕 1작은술
- 드라이 이스트 1작은술
- 소금 1/2작은술
- 따뜻한 물 90㎖
- 올리브유 1작은술

소스
  ▶ 낯선 재료 대체하기 254쪽
- 홀토마토 3/4컵(150g)
- 올리브유 1큰술
- 설탕 1/2작은술
- 소금 1/4작은술
- 말린 허브가루 1/2작은술
- 다진 마늘 1작은술
- 통후추 간 것 약간

Tip

바질
청량하고 상쾌한 향이 강한 허브.
토마토와의 맛 궁합이 좋다.
생 바질, 말린 바질, 말린 바질가루
등으로 구입할 수 있다.

드라이 이스트
빵의 발효를 돕는 효모인
이스트(Yeast)를 건조 시킨 것.
대형 마트, 베이킹숍에서 구입 가능.

고르곤졸라 피자 만들기
레몬즙 2큰술, 올리브유 1큰술을
섞어 도우에 펴 바른 후
고르곤졸라치즈 30g,
슈레드 피자치즈 150g을 골고루
올린 후 같은 방법으로 굽는다.

낯선 재료 대체하기

생 모짜렐라 치즈 ▶ 스트링 치즈
생 모짜렐라 치즈는 신선한 우유 향이 나는 치즈로
소금물과 함께 담겨 판매된다.
스트링 치즈 2개로 대체해도 좋다.

스프레드 ▶ 시판 토마토 파스타소스
각종 재료를 섞어 스프레드를 만드는 대신
시판 토마토 파스타소스 1가지를 사용해도 좋다.

1 밀가루는 체에 내린 후 설탕,
드라이 이스트, 소금, 따뜻한 물을
섞어 한 덩어리로 만든다.

2 올리브유를 넣고
겉면이 매끈해질 때까지
10분 이상 충분히 치댄다.

3 ②의 볼에 랩을 씌운 후 따뜻한 물
(38~40℃)이 담긴 큰 볼에
겹쳐 올린다. 따뜻한 곳(오븐
또는 전자레인지 속)에서 2배 이상
부풀 때까지 40분간 발효 시킨다.

4 볼에 소스 재료를 섞는다.
★ 오븐은 200℃로 예열한다.

5 종이 포일을 깐 오븐 팬에
도우를 올린 후 지름 약 25cm
정도가 되도록 손으로 펼친다.
★ 도우의 탄력이 강하므로
힘주어 펼친다.

6 가장자리 2cm를 남기고
④의 소스를 펴 바른다.

7 생 모짜렐라 치즈를 뜯어 올린 후
바질을 올린다.

8 200℃로 예열된 오븐의
가운데 칸에서 치즈가 녹을 때까지
10~12분간 굽는다.

풍기피자

30~35분(+ 도우 발효 시키기 40분) / 지름 약 25cm 1개분

- 도우 1개(255쪽)
- 양송이버섯 5개(100g)
- 표고버섯 1개(25g)
- 새송이버섯 2개(160g)
- 올리브유 2작은술
- 슈레드 피자치즈 1컵(100g)

소스
- 양송이버섯 5개(100g)
- 표고버섯 1개(25g)
- 양파 1/2개(100g)
- 버터 2큰술
- 다진 마늘 1큰술
- 화이트와인 2큰술
- 파마산 치즈가루 2큰술
- 소금 약간
- 통후추 간 것 약간

Tip

파마산 치즈가루
파르미지아노 레지아노 치즈
간 것을 뜻한다. 흔히 통에 담아
'파마산 치즈가루'라 판매되는
시판 제품은 치즈의 함량은 적고
옥수수가루, 화학조미료 등을
섞어 만든 것이다. 풍미는 덜하지만
사용하기 간편한 것이 장점.

버섯 사용하기
향이 좋은 버섯(표고버섯),
식감이 좋은 버섯(양송이버섯,
새송이버섯)을 함께 사용하는 것이
좋다. 양송이버섯을 생략하고,
새송이버섯을 3개로 늘려도 된다.
이때, 1개는 과정 ①에서 다진다.

소스

1 소스 재료의 양송이버섯 5개,
표고버섯 1개, 양파는 잘게 다진다.

2 달군 팬에 버터를 녹인 후
다진 마늘, ①의 양파를 넣고
중간 불에서 2분간 볶는다.

3 ①의 다진 버섯, 화이트와인을 넣고
2~3분간 볶는다.

4 파마산 치즈가루,
소금, 통후추 간 것을 넣어
소스를 완성한다.

요리하기

5 도우를 만든다(255쪽).
★ 오븐은 220℃로 예열한다.

6 양송이버섯 5개, 표고버섯
1개는 얇게 편 썰고,
새송이버섯은 길게 찢는다.

7 달군 팬에 올리브유,
⑥의 버섯을 넣고
센 불에서 2~3분간 볶는다.

8 도우의 가장자리 2cm를 남기고
④의 소스를 펴 바른다.

9 ⑦의 볶은 버섯,
슈레드 피자치즈를 골고루 올린다.

10 220℃로 예열된 오븐의
가운데 칸에서 치즈가
녹을 때까지 10~12분간 굽는다.

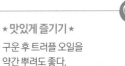

★ 맛있게 즐기기 ★
구운 후 트러플 오일을
약간 뿌려도 좋다.

257

이탈리아 나폴리 지역에
위치한 카프리섬에서 탄생한
샐러드. 토마토, 모짜렐라 치즈,
바질을 사용하는 것이 특징.
발사믹 드레싱을 뿌리는 것이
대중적이나 전통적으로는
올리브유, 소금, 오레가노만을
뿌려 먹곤 했다.

❞

카프레제
Insalata caprese

낯선 재료 대체하기	바질 ▶ 어린잎 채소
	바질은 청량하고 상쾌한 향이 강한 허브. 토마토와의 궁합이 좋다. 어린잎 채소 1줌(20g)으로 대체해도 좋다.

- 토마토 1개(150g)
- 생 모짜렐라 치즈 1개(120g)
- 바질 4~5장
  - ▶ 낯선 재료 대체하기

발사믹 드레싱
- 설탕 1큰술
- 다진 양파 1큰술
- 발사믹식초 3큰술
- 올리브유 2큰술
- 소금 1/2작은술

Tip

생 모짜렐라 치즈
신선한 우유 향이 나는 치즈로
소금물과 함께 담겨 판매된다.

발사믹식초
포도즙을 졸여 만든 식초로
발사믹(Balsamic)은 이탈리아어로
향기가 좋다는 의미이다.

1 토마토는 0.5cm 두께로 썰고
소금(약간)을 뿌린다.
★ 소금을 뿌려두면 수분이
빠져 나와 토마토가 더욱 달아진다.

2 생 모짜렐라 치즈는
0.5cm 두께로 썬다.

3 볼에 발사믹 드레싱 재료를 섞는다.

4 그릇에 토마토, 생 모짜렐라 치즈를
번갈아 담는다.

5 사이사이에 바질을 끼운다.
★ 채 썰어 올려도 좋다.

6 드레싱을 뿌린다.
★ 드레싱의 양은
기호에 따라 조절한다.

파스타 & 피자

파스타의 역사

최초의 파스타, 라자냐

고대 로마시대에는 넓적하게 자른 밀가루 반죽을 익혀 채소나 치즈를 곁들여 먹곤 했는데 이것이 파스타의 일종인 라자냐의 시초라고 볼 수 있다. 즉, 당시의 라자냐는 지금처럼 겹겹이 쌓은 형태는 아니었던 것.

건 파스타의 탄생

이탈리아 남부에 위치한 시칠리아 지방은 물이 좋고, 햇볕과 바람도 잘 드는 자연 환경 덕분에 밀의 한 종류인 '듀럼밀'이 많이 생산되었다. 이는 파스타의 주원료로 귀한 식재료였으나 곰팡이, 해충에 약해 보관이 어려웠다. 이에 보관, 사용이 용이한 건 파스타가 탄생하게 된 것.

생 파스타의 발달

시칠리아와 제노바를 오가던 상인들에 의해 이탈리아 내륙 지역까지 파스타가 전파되기 시작했고, 15세기 북부 지역에서는 듀럼밀에 물, 달걀을 섞어 만드는 생 파스타가 생겨났다.

토마토의 활용

콜럼버스의 신대륙 발견 이후 이탈리아에 토마토가 전해지게 된다. 처음엔 관상용으로 여겨졌지만 18세기부터 요리의 소스로 쓰였고, 특히 파스타에 주로 활용되었다.

세계로 퍼진 파스타

19세기 지역간 교류가 활발해지면서 이탈리아 전역으로 파스타가 퍼졌고, 각 지역마다 독특한 형태를 띠며 발전했다. 이후 세계 여러 나라에 정착한 이탈리아 이민자들에 의해 파스타가 더욱 널리 알려졌고, 지금과 같이 대중적인 요리가 되었다.

파스타 메뉴판 읽기

- **알리오 올리오**
  별다른 부재료 없이 마늘, 올리브유로만 맛을 낸 파스타.

- **봉골레 파스타**
  이탈리아어로 조개를 뜻하는 봉골레. 베네치아 지방에서 어부들이 갓 잡은 조개를 파스타에 넣으면서 탄생.

- **카르보나라** 230쪽
  우리나라에서는 크림 파스타의 일종으로 알려져 있지만 정통 로마식 카르보나라는 크림이 아닌 달걀, 치즈가 소스 역할을 한다.

- **나폴리탄**
  제2차 세계대전 이후 패망한 일본이 미군 부대에서 나오던 깡통 케첩에 스파게티를 볶은 것이 시초라 알려져 있다. 메뉴명은 토마토를 듬뿍 사용하는 요리를 '나폴리풍'이라 하는 데서 비롯된 것.

- **라자냐** 226쪽
  넓적한 면과 각종 재료를 층층이 쌓아 오븐에 구운 파스타. 라자냐는 직사각형의 넓적한 면을 가리키는 동시에 요리의 이름이기도 하다.

- **뇨끼** 232쪽
  으깬 감자, 밀가루로 반죽을 만든 후 수제비처럼 빚은 것. 취향에 따라 다양한 소스를 곁들인다.

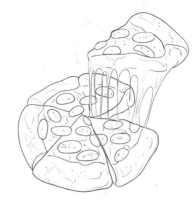

피자의 역사

피자의 시초

수렵 생활을 하던 유목민들이 야생의 곡식을 빻아
반죽을 만들었고, 이를 돌에 올려 구워 먹기 시작한 것이
피자의 시초이다.

음식을 담던 접시

이탈리아 북부 지역에서는 구운 반죽을 접시처럼
활용했는데, 이는 청동접시를 쓸 형편이 안되었기 때문.
음식을 다 먹고 남은 접시이자 빵은 허브나
올리브유를 더해 하나의 음식처럼 먹기도 했다.

화덕의 도입

남부 지역을 다스렸던 그리스인들은 반죽을
돌 대신 화덕에 넣어 굽기 시작했다. 그 덕에 연기의
풍미가 배어 더 맛있게 된 것. 이후 반죽에 팽창제인
효모(Yeast)를 넣거나, 재료를 굽기 전에 토핑하는 등
새로운 조리법을 개발했다.

나폴리를 중심으로 발달

항구 도시 나폴리의 노동자들이 피자를 즐겨 먹었던 덕분에
이곳을 중심으로 피자가 발달하였다. 특히 이 지역에서는
크고 달콤한 토마토가 많이 재배되었는데, 이는 소스나
토핑으로 활용하기 좋았던 것. 본래 서민의 음식이었던
피자는 나폴리를 통치했던 왕의 부인이 좋아하게 되면서
귀족들 사이에 점차 유행, 고급 음식으로 이름을 날렸다.

미국으로 건너간 피자

19세기 미국으로 이주한 이탈리아인들은 자국의 피자를
미국인들에게 판매하기 시작했고, 그들의 입맛을
사로잡으며 미국 내 큰 인기를 끌었다. 이후 다양한 피자
체인점이 생겨나면서 본격적으로 대중적인 외식 메뉴로
자리 잡았다.

이탈리아식 피자 vs. 미국식 피자

이탈리아식

얇은 도우에 토핑을 심플하게 올려 화덕에
굽는다. 도우는 기름지지 않고 바삭하며,
재료 본연의 맛을 잘 느낄 수 있는 것이 특징.

- **나폴리식 피자**
  이탈리아의 가장 기본적인 피자로
  전통적으로는 밀가루, 효모, 소금만으로
  반죽한 후 나무 장작을 때는 화덕에 굽는 것이
  정석. 대표적인 종류는 마르게리타(252쪽).

- **로마식 피자**
  흔히 직사각형 모양을 띠며 올리브유, 소금을
  더해 심플하게 조리한다. 원형으로 판매되는
  나폴리 피자와 달리 조각으로도 판매된다.

미국식

이탈리아의 피자가 미국으로 전해지면서
미국인들의 취향에 맞게 크기가 커지고,
토핑이 풍성해졌다. 주로 오븐을 사용한다.

- **뉴욕식 피자**
  도우가 두툼하고 쫄깃하며,
  지름이 40cm 내외로 큰 것이 특징.
  대부분의 프랜차이즈 피자가 이에 속한다.

- **시카고식 피자**
  깊은 그릇처럼 생긴 도우에
  속재료가 가득 차 있어 '딥 디시 피자
  (Deep dish pizza)'라고도 불린다.

Greece

요리앙 임어 김수 / 하세봉 · 김아림 · 이수진

Germany

Switzerland

온화한 기후 덕분에 해산물, 농작물 모두 풍부한 '스페인'.
지중해 식단의 열풍을 불러일으킨 '그리스'.
음식 맛이 없다는 오명을 갖고 있지만 몇몇 세계적인 요리를 자랑하는 '영국'.
맥주 하면 가장 먼저 떠오르는 나라 '독일'.
알프스산맥을 품고 있어 추위를 견디기 위한 요리가 발달한 '스위스'.
유럽과 아시아 대륙 사이에 위치해 복합적인 식문화가 발달한 '터키'까지.

스페인 ——— 유럽 곳곳의 요리를 한자리에 모았습니다.
그리스
영국
독일
스위스
터키

Turkey

새우(감바스),
마늘(아히요)을 올리브유에
끓인 요리. 작은 주물냄비를
뜻하는 '까수엘라(Cazuela)'를
메뉴명에 그대로 쓰기도 한다.
자칫 느끼할 수 있으므로 페페론치노를
넣는 것을 추천. 바게트를 오일에
푹 적신 후 새우, 마늘을 얹어
먹으면 된다.

감바스 알 아히요
Gambas al ajillo

낯선 재료
대체하기

페페론치노 ▶ 청양고추
이탈리아산 매운 고추를 말린 것으로
베트남 고추에 비해 크기가 작고 덜 매운 편.
송송 썬 청양고추 2개로 대체해도 좋다.

 피쉬소스 ▶ 소금
피쉬소스는 생선을 발효 시켜 얻는 조미료로
우리나라의 액젓과 비슷한 풍미를 낸다.
감바스 알 아히요에 감칠맛을 더해주는데,
생략할 경우 마지막에 간을 보고 소금을 더 넣는다.

- 냉동 생새우살 20마리(300g)
- 마늘 10쪽(50g)
- 바게트 4쪽
- 페페론치노 5개
  ▶ 낯선 재료 대체하기 264쪽
- 올리브유 1컵(200㎖)
- 피쉬소스 1큰술(기호에 따라 가감)
  ▶ 낯선 재료 대체하기 264쪽
- 소금 약간
- 통후추 간 것 약간
- 말린 허브가루 약간

1 냉동 생새우살은 찬물에 담가 해동한 후 물기를 뺀다.

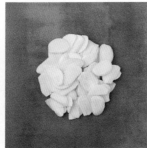

2 마늘은 얇게 편 썬다.

3 달군 팬에 올리브유, 마늘, 페페론치노를 넣고 중약 불에서 마늘이 노릇해질 때까지 3~4분간 끓인다.

4 생새우살, 피쉬소스를 넣고 중간 불에서 3~4분간 끓인 후 불을 끈다.

5 소금, 통후추 간 것, 말린 허브가루를 섞는다. 바게트를 곁들인다.

★ 맛있게 즐기기 ★

❶ 바게트를 올리브유에 푹 적신 후 새우, 마늘을 한 조각씩 올려 먹는다. 페페론치노는 씹지 않도록 조심한다.

❷ 주물냄비를 사용하면 기름이 오랫동안 보온되어 더 맛있다.

'빠에예라(Paellera)'라는
넓은 팬에 쌀, 고기, 해산물, 채소
등을 더해 만든 요리. 꽃술을 말린
향신료인 샤프란을 넣어 독특한 향과
황금 빛깔이 난다. 팬에 눌어붙은 쌀,
일명 '소카랏(Socarrat)'을
긁어 먹는게 빠에야의 묘미이며
소카랏이 생겨야 잘 만들어진
빠에야라고 할 수 있다.

빠에야
Paella

★ 상그리아 만들기 349쪽

빠에야

45~55분 / 2~3인분

- 멥쌀 1컵(160g)
- 닭다릿살 200g
- 대하 5마리(150g)
- 홍합 약 10~15개(200g)
- 손질 오징어 1마리(180g)
- 양파 1/2개(100g)
- 마늘 3쪽(15g)
- 피망 1/2개(50g)
- 토마토 1개(150g)
- 샤프란 1/2작은술
  ▶ 낯선 재료 대체하기 268쪽
- 물 1/2컵(100㎖)

- 올리브유 2큰술 + 1큰술
- 소금 약간
- 통후추 간 것 약간
- 치킨육수 2컵
  (치킨스톡큐브 1개 + 물 2컵)
- 슬라이스 레몬 3조각

Tip

치킨스톡
닭고기, 닭 뼈 등을 우려 만든
육수를 큐브, 파우더, 액상 형태로
가공한 것. 큐브 1개는 파우더나
액상 2작은술로 대체 가능.

빠에야 팬 대체하기
빠에예라(Paellera)라 불리는
빠에야 전용 팬. 팬의 크기는
지름 30cm 이상, 두께가 얇으며,
깊이는 얕고, 손잡이가 양쪽에 달려
있다. 열이 고르게 닿고, 증발이
잘 되어 쌀이 골고루 익을 수 있는
구조인 것. 최대한 넓고 얇은 팬으로
대체해도 좋다.

낯선 재료 대체하기

샤프란 ▶ 강황가루
꽃의 암술을 말린 향신료로 향도 독특하지만 주로 물에 우려내
요리에 노란빛을 띠게 하는 목적으로 사용한다.
과정 ⑤에서 강황가루 1/2작은술, 물 1/2컵을 섞어 대체해도 좋다.

1 대하는 긴 수염, 입, 머리 위
뾰족한 부분을 잘라낸다.
등쪽 두 번째와 세 번째 마디 사이에
이쑤시개를 넣어 내장을 제거한다.

2 홍합은 수염을 잡아당겨
떼어낸 후 껍데기끼리 비벼가며
불순물을 제거한다.
체에 밭쳐 헹군 후 물기를 뺀다.

3 손질 오징어는
1×1cm 크기로 썬다.
★ 오징어 손질하기 65쪽

4 양파, 마늘, 피망은 굵게 다지고,
토마토는 6~8등분한다.

5 샤프란은 물 1/2컵에 넣어
10분간 불린다.

6 달군 빠에야 팬에 올리브유 2큰술,
대하, 홍합을 넣고 센 불에서
1~2분간 뒤집어가며 구운 후
덜어둔다.

7 ⑥의 팬에 닭다릿살을 넣고
센 불에서 앞뒤로 각각 2분씩
구운 후 한입 크기로 잘라
덜어둔다. ★ 맛있는 기름을
내기 위한 과정이므로
닭은 덜 익은 상태이다.

8 ⑦의 팬에 올리브유 1큰술,
④의 양파, 마늘을 넣고
센 불에서 30초, 피망, 소금,
통후추 간 것을 넣고
중간 불로 줄여 1분간 볶는다.

9 오징어를 넣고
약한 불에서 1분간 볶는다.

10 쌀, ⑦의 닭다릿살을 넣고
중간 불에서 3~4분간 볶는다.
치킨육수를 2~3회에 나눠
넣어가며 10분간 볶는다.
▲ 쌀은 불리지 않고
가볍게 씻어 사용한다.

11 대하, 홍합, 토마토, ⑤의 샤프란
불린 물 1/2컵을 넣고 섞은 후
넓게 펼친다. 쿠킹 포일을 덮어
약한 불에서 10분간 익힌 후
불을 끄고 5분간 뜸을 들인다.

12 쿠킹 포일을 벗겨낸 후 센 불에서
30초간 수분을 날린 다음
슬라이스 레몬을 곁들인다.
소금으로 부족한 간을 더한다.

뿔뽀 아 라 가예가
Pulpo a la gallega

" 문어(뿔뽀)를 삶아
올리브유, 파프리카가루에
버무려 먹는 스페인 전통 요리.
문어는 삶을 때 머리를 잡고 다리만
물에 넣었다 빼기를 반복해야
육질이 부드러워진다. 곁들이는
감자를 문어 삶은 물에 익혀
감칠맛을 높인 것도 팁.

낯선 재료
대체하기

파프리카가루 ▶ **고운 고춧가루**
유럽에서 재배되는 파프리카를 건조하여 간 것으로
요리에 붉은 색감과 은은한 매운맛을 내준다.
동량의 고운 고춧가루 또는 일반 고춧가루를 믹서에 간 후 대체해도 좋다.
이때, 소금으로 부족한 간을 더한다.

- 참문어 1마리(약 1kg)
- 감자 2개(400g)
- 마늘 2쪽(10g)
- 올리브유 2큰술
- 파프리카가루 2큰술
  ▶ 낯선 재료 대체하기 270쪽

참문어
얕은 바다의 돌틈에 사는 크기가
작은 문어. 돌문어라고도 한다.
크기가 매우 큰 대문어(물문어)에
비해 비교적 구하기 쉬워
이를 사용했으며, 익은 상태로
판매되는 자숙 문어를 구입할 경우
과정 ①~④를 생략한다.

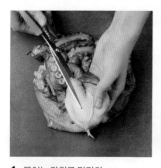

1 문어는 가위로 머리의
한쪽을 길게 자른 후
뒤집어 내장을 제거한다.
★ 먹물이 터지지 않도록 조심한다.

2 볼에 문어, 밀가루(3큰술)를
넣어 거품이 나오지 않을 때까지
바락바락 주무른 후
찬물에 여러번 헹군다.

3 큰 냄비에 문어가 잠길 만큼의 물
+ 소금(1큰술)을 넣고 센 불에서
끓어오르면 문어의 머리를
집게로 집어 다리가 꽃모양으로
말릴 때까지 다리만 넣었다
빼기를 3회 이상 반복한다.

4 머리까지 넣고 뒤집어
중간 불에서 5분간 익힌 후
건져 체에 받쳐 물기를 뺀다.
이때, 물은 계속 끓인다.

5 ④의 문어 삶은 물에 감자를
넣는다. 뚜껑을 덮고 센 불에서
끓어오르면 중간 불로 줄여
25~35분간 젓가락으로 찔렀을 때
쉽게 들어갈 때까지 삶는다.

6 마늘은 얇게 편 썰고,
삶은 감자는 한입 크기로
대강 부순다.

7 문어는 한입 크기로 썬다.

8 그릇에 문어, 감자, 마늘을 담고
올리브유, 파프리카가루를 뿌린다.

타파스
Tapas

타파스는
메인 요리를 먹기 전에 즐기는
애피타이저를 통칭하는 말이다.
작은 접시에 적은 양만 담는 것이 특징.
즉, 빵 한 조각, 작은 잔에 담긴 수프,
소량의 튀김 모두 타파스인 것.
북부 지방에서는 '핀초스'라고도
부르는데 타파스를 먹을 때 나무꼬치
(Pincho)를 사용하기 때문에
붙여진 이름이다.

★ 타파스 3_올리브
통조림(또는 병조림) 올리브는
물기를 빼고 작은 그릇에 담는다.

★ 타파스 1_가지 & 꽈리고추튀김 274쪽

★ 타파스 4_치즈꼬치
고다치즈, 하몽(또는 살라미),
올리브를 꼬치에 꽂는다.
바게트를 곁들여도 좋다.

★ 타파스 2_ 바지락찜 275쪽

273

타파스 1_ 가지 & 꽈리고추튀김

25~30분 / 2인분

- 가지 1개(150g)
- 꽈리고추 10개(50g)
- 감자전분 2큰술
- 식용유 3컵(600㎖)
- 소금 약간

튀김옷
- 밀가루 3큰술
- 튀김가루 3큰술
- 물 1/2컵(100㎖)

Tip

채소 사용하기
가지, 꽈리고추는 한 종류로
대체해도 좋다. 이때, 가지는
1과 1/2개를, 꽈리고추는
20개를 사용한다.

1 가지는 2등분한 후
길이로 6~8등분한다.

2 꽈리고추는 꼭지 끝 부분을
잘라낸다. 중간에 살짝 가위집을
내준다. ★ 가위집을 내줘야
튀길 때 터지지 않는다.

3 넓은 그릇에 가지, 꽈리고추를
담고 소금을 골고루 뿌린다.
감자전분을 넣어 버무린 후
랩을 씌워 냉장실에서 15분간 둔다.
★ 냉장실에 넣어두면
튀겼을 때 더 바삭해진다.

4 볼에 튀김옷 재료를 섞는다.

5 가지, 꽈리고추를 넣고
튀김옷을 입힌다.

6 깊은 팬에 식용유를 넣고
170℃로 끓인다. ⑤를 넣고
중간 불에서 2~3분간
색이 살짝 날 정도로 튀긴다.
★ 2~3회에 나눠 튀긴다.
기름 온도 확인하기 18쪽

7 체에 밭쳐 기름기를 뺀다.

타파스 2 _ 바지락찜

20~25분(+ 해감 시키기 1시간) / 2인분

- 바지락(또는 모시조개) 500g
- 마늘 3쪽(15g)
- 방울토마토 10개(150g)
- 올리브유 3큰술
- 화이트와인 1/2컵(100㎖)
- 소금 약간

Tip

화이트와인
껍질을 벗긴 포도를 발효, 숙성
시켜 만들어 투명한 빛을 띠는 와인.
해산물 요리의 비린 맛을 줄이고
풍미를 더하기 위해 사용하며
단맛이 적은 드라이한 와인을
사용하는 것이 좋다.

1 불투명한 볼에 바지락, 잠길 만큼의
물, 소금(1큰술)을 넣고 섞는다.
쿠킹 포일을 덮어 1시간 이상
해감 시킨다. ★ 해감 바지락을
사용할 경우 생략해도 좋다.

2 볼에 바지락, 밀가루(1큰술)를
넣고 바락바락 주무른 후
찬물에 여러번 헹군다.

3 마늘은 편 썰고,
방울토마토는 2등분한다.

4 달군 팬에 올리브유, 마늘을 넣어
중간 불에서 1~2분간
노릇하게 볶는다.

5 바지락, 화이트와인을 넣고
센 불에서 1분간 입을 벌리기
시작할 때까지 볶는다. 중간 불로
줄여 뚜껑을 덮고 3분간 익힌다.

6 방울토마토를 넣고
1분간 볶은 후 불을 끈다.
소금으로 부족한 간을 더한다.

수블라키
Souvlaki

고기와 채소를
꼬치에 꽂아 구워 먹는 요리로
라틴어로 꼬치를 의미하는
'수블라(Souvla)'에서 유래했다.
오이와 요구르트로 만든 차지키
소스와 함께 먹거나 속이 텅 빈
피타빵 속에 넣어 샌드위치처럼
즐겨도 좋다.

★ 포켓 샌드위치로 즐기기 278쪽

Greece

수블라키

30~35분(+ 고기 재우기 1시간) / 2인분

- 돼지고기 등심 300g
- 닭가슴살 1쪽
  (또는 닭안심 4쪽, 100g)
- 가지 1개(150g)
- 파프리카 1개(200g)
- 양파 1개(200g)
- 대파(흰 부분) 20cm
- 식용유 1큰술 + 1큰술

밑간
- 다진 마늘 1큰술
- 레몬즙 1큰술
- 올리브유 3큰술
- 떠먹는 그릭 요구르트 2큰술
  ▶ 낯선 재료 대체하기 278쪽
- 소금 1/2작은술
- 통후추 간 것 약간
- 말린 허브가루 약간(생략 가능)

차지키 소스
- 오이 1/2개(100g)
- 다진 마늘 1/2작은술
- 레몬즙 2작은술
- 올리브유 1작은술
- 올리고당 1작은술
- 떠먹는 그릭 요구르트
  1컵(200㎖)
  ▶ 낯선 재료 대체하기 278쪽
- 소금 약간

Tip

고기 사용하기
돼지고기 등심(또는 안심), 닭가슴살,
닭안심 중 한 종류를 사용해도 좋다.
이때, 총량은 400g이 되도록 한다.

채소 사용하기
가지, 파프리카, 양파, 대파 중
1~2가지만 사용해도 좋다.
이때, 총량은 약 500g이 되도록 한다.

포켓 샌드위치로 즐기기
피타빵(속이 비어 있는 원형의 빵,
37쪽)을 2등분한 후 속에
구운 고기, 구운 채소, 차지키 소스를
넣어 샌드위치로 즐겨도 좋다.

낯선 재료 대체하기

떠먹는 그릭 요구르트 ▶ **떠먹는 플레인 요구르트**
그리스의 대표적인 요구르트. 수분을 제거해 발효 시키므로
질감이 단단하고 원유의 맛이 강한 편.
동량의 떠먹는 플레인 요구르트로 대체해도 좋다.

1 볼에 밑간 재료를 섞는다.

2 돼지고기, 닭가슴살은
한입 크기로 썬다.

3 ①에 돼지고기, 닭가슴살을 넣고
버무린다. 랩을 씌워 냉장실에서
1시간 이상 둔다.

4 가지, 파프리카, 양파, 대파는
한입 크기로 썬다.

5 차지키 소스 재료의
오이는 길이로 2등분한 후
숟가락으로 씨를 파낸다.

6 잘게 다진다.

7 볼에 ⑥, 나머지 차지키 소스
재료를 넣고 섞는다.

8 나무꼬치에 채소, 고기를
각각 나눠 끼운다.
★ 나무꼬치는 미리 물에 담가
불려두면 구울 때 타지 않는다.

9 달군 팬에 식용유 1큰술,
고기 꼬치를 넣고 뚜껑을 덮어
중간중간 뒤집어가며 중약 불에서
8~10분간 속까지 익힌다.
★ 팬의 크기에 따라 나눠 굽는다.
식용유는 부족하면 더한다.

10 달군 팬에 식용유 1큰술,
채소 꼬치를 넣고 중간 불에서
뒤집어가며 2~3분간
노릇하게 구운 후 그릇에 담고
차지키 소스를 곁들인다.

★ 맛있게 즐기기 ★
가늘게 채 썬 양파,
한입 크기로 썬 양상추를
샐러드처럼 곁들이면 더 개운하다.
이때, 차지키 소스를 드레싱처럼
끼얹어가며 먹는다.

그릭 샐러드
Greek salad

"

본래 요리명은 '시골 샐러드'라는
의미인 '호리아티키 살라타
(Horiatiki salata)'. 건강한 식생활을
추구하는 그리스인들이 텃밭에서 기른
신선한 채소로 소박하게 만들어
먹던 것이 그릭 샐러드의 시초로
알려져 있다. 양젖으로 만든 페타치즈,
지중해 연안에 풍부한
올리브를 주재료로 사용.

낯선 재료 대체하기

페타치즈 ▶ 생 모짜렐라 치즈 또는 스트링 치즈

페타치즈는 양젖이나 염소젖으로 만든 후 소금물
(또는 올리브유)에 담가 숙성 시키는 그리스의 전통 치즈.
식감은 부드러우며 짭조름하고 강한 풍미가 특징.
생 모짜렐라 치즈 1/2개 또는 스트링 치즈 2개로 대체해도 좋다.

화이트와인식초 ▶ 레몬즙

화이트와인을 발효 시켜 만든 식초로 일반 식초에
비해 신맛이 약하고 은은한 와인향이 난다.
동량의 레몬즙으로 대체해도 좋다.
이때, 설탕으로 부족한 간을 더한다.

- 페타치즈 60g
  ▶ 낯선 재료 대체하기 280쪽
- 적양파 1/2개(또는 양파, 100g)
- 올리브 15개(45g)
- 방울토마토 8개(120g)
- 오이 1/2개(100g)

드레싱
- 레몬즙 1큰술
- 화이트와인식초 1큰술
  ▶ 낯선 재료 대체하기 280쪽
- 올리브유 3큰술
- 소금 1작은술(기호에 따라 가감)
- 딜(또는 다른 허브) 약간

Tip

올리브
올리브 나무의 열매로
품종이나 익은 정도에 따라
그린, 블랙올리브로 나뉜다.
소금물, 향신료, 식초 등에 절여
캔이나 병에 담겨 판매된다.

딜
상쾌한 향이 나는 허브.
유럽에서 오이피클을 절일 때나
연어 요리에 활용하는 것으로
알려져 있다. 씨앗인 '딜시드'도
향신료로 활용한다.

1 적양파는 가늘게 채 썰고,
올리브, 방울토마토는 2등분한다.

2 오이는 길이로 2등분한 후
숟가락으로 씨를 파낸다.

3 1cm 두께로 썬다.

4 볼에 드레싱 재료를 섞는다.

5 드레싱 1/2분량을 채소와 버무려
냉장실에서 5~10분간 둔다.

6 그릇에 ⑤를 담고 페타치즈를
손으로 떼어 올린 후 남은 드레싱을
뿌린다. ★드레싱의 양은
기호에 따라 조절한다.

미트 소스 위에
으깬 감자를 덮어 구운 파이.
'코티지(Cottage)'는 '작은 시골집'을
의미하며 코티지 파이는 농부들이
남은 고기를 알뜰하게 활용하기 위해
만들어 먹던 요리이다. 영국인들에게는
마음에 위안을 주는 '컴포트
푸드(Comfort food)'로 여겨지기도.
삶은 완두콩이나 브로콜리를
곁들이면 더 맛있다.

코티지 파이
Cottage pie

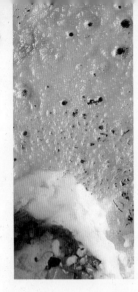

코티지 파이

50~55분 / 약 18×10×5cm 내열용기 1개분

- 다진 쇠고기 100g
- 양파 1개(200g)
- 양배추 3장(90g)
- 페페론치노 3개(생략 가능)
- 식용유 1큰술
- 홀토마토 1/2컵(100g)
  ▶ 낯선 재료 대체하기 284쪽
- 통후추 간 것 약간
- 슬라이스 체다치즈 2장
- 그라나파다노 치즈 간 것 2큰술
  (생략 가능)

매쉬드 포테이토
- 감자 4개(800g)
- 우유 3큰술
- 버터 2큰술
- 넛맥가루 1/4작은술
  ▶ 낯선 재료 대체하기 284쪽
- 소금 약간

그라나파다노 치즈
그라나는 이탈리아어로
알갱이라는 뜻. 즉, 수분이 적어
알갱이들이 뭉쳐져 있는
형태의 단단한 치즈.
때문에 주로 갈아서 사용한다.

Tip

**낯선 재료
대체하기**

홀토마토 ▶ 완숙 토마토
토마토를 통째로 익힌 후 껍질을 제거해
토마토 즙에 저장한 제품으로 통조림 형태로 판매된다.
완숙 토마토 1개(150g)에 열십(+)자로 칼집을 내고
끓는 물에 데친 후 껍질을 벗기고 으깨어 사용해도 좋다.

넛맥가루 ▶ 통후추 간 것
매콤한 맛과 달콤한 향이 나는 향신료.
감자와 함께 사용 시 감자 특유의 아린 맛을 줄여준다.
동량의 통후추 간 것으로 대체할 수 있다.

1 냄비에 한입 크기로 썬 감자, 잠길 만큼의 물을 넣고 센 불에서 15~20분간 삶은 후 체에 밭쳐 물기를 뺀다.

2 양파, 양배추는 잘게 다진다.

3 다진 쇠고기는 키친타월로 핏물을 없앤다.

4 달군 팬에 식용유, 다진 쇠고기를 넣어 중간 불에서 1분간 볶는다.

5 양파, 양배추, 페페론치노를 넣고 센 불에서 3~4분간 볶는다.

6 홀토마토를 넣고 으깬 후 중간 불에서 3~5분간 수분이 없어질 때까지 볶는다. 통후추 간 것을 섞고 불을 끈다.

7 냄비에 ①의 삶은 감자를 넣고 약한 불로 켠다. 3~4분간 으깨가며 수분을 없앤 후 불을 끈다.

8 ⑦에 우유, 버터, 넛맥가루, 소금을 섞어 매쉬드 포테이토를 만든다.
★ 오븐은 170℃로 예열한다.

9 내열용기에 ⑥을 펼쳐 담는다.

10 ⑧의 매쉬드 포테이토를 빈틈 없이 꾹꾹 눌러 채운다.

11 체다치즈를 채 썰어 올린 후 그라나파다노 치즈 간 것을 뿌린다.

12 170℃로 예열된 오븐의 가운데 칸에서 7~8분간 노릇해질 때까지 굽는다.

과거 유럽인들은
어두운 땅속에서 자라는
감자를 불길하다 여겨 천대했었다.
18세기 말 흉작으로 주식인 빵을
못 먹게 되자 기피하던 감자를
먹기 시작했고, 생선튀김과
감자튀김을 함께 판 것이
기원이란 설이 있다.

피쉬 앤 칩스
Fish and chips

낯선 재료
대체하기

양파파우더, 파프리카가루 ▶ 소금, 통후추 간 것
양파파우더는 양파 간 것을 더한 감칠맛이 나는 시즈닝,
파프리카가루는 파프리카를 건조하여 간 것으로
은은한 감칠맛을 내준다. 두 가지를 모두 생략하고,
소금 약간, 통후추 간 것 약간으로 대체해도 좋다.

케이퍼 ▶ 피클
케이퍼는 지중해 연안 식물의
꽃봉오리로 절여진 상태로 판매된다.
생략할 경우 다진 피클의 양을
2큰술로 늘려도 좋다.

- 대구포(또는 동태포) 250g
- 감자 2개(400g)
- 소금 약간
- 통후추 간 것 약간
- 밀가루 2큰술
- 식용유 5컵(1ℓ)

반죽
- 밀가루 1과 1/4컵(박력분, 125g)
- 튀김가루 2큰술
- 양파파우더 1/2작은술
  - ▶ 낯선 재료 대체하기 286쪽
- 파프리카가루 1/2작은술
  - ▶ 낯선 재료 대체하기 286쪽
- 맥주 1컵(200㎖)

타르타르 소스
- 다진 양파 1/4개(50g)
- 다진 피클 1큰술
- 다진 케이퍼 1큰술
  - ▶ 낯선 재료 대체하기 286쪽
- 레몬즙 1큰술
- 마요네즈 6큰술
- 소금 약간
- 통후추 간 것 약간

Tip

대구포
흰 살 생선인 대구를 손질하여 얇게 포 뜬 것. 주로 부침용으로 사용한다. 비린 맛이 적고 담백한 것이 특징. 피쉬 앤 칩스를 만들 땐 한 덩어리로 되어있는 냉동 제품을 구입한다.

1 감자는 껍질째 길이로 6~8등분한다. 잠길 만큼의 찬물에 10분간 담가 전분기를 없앤다.

2 끓는 물(3컵)에 감자를 넣고 5분간 살짝 삶은 후 키친타월로 꼼꼼히 물기를 없앤다.

3 대구포는 길이로 3등분한다. 소금, 통후추 간 것을 뿌려 5분간 둔 후 밀가루 2큰술을 앞뒤로 얇게 묻힌다.

4 볼에 반죽 재료를 넣고 섞은 후 대구포를 넣어 반죽을 입힌다.
★ 반죽에 맥주를 넣으면 더 바삭해지고 생선의 비린내도 잡을 수 있다.

5 깊은 팬에 식용유를 넣고 170℃로 끓인다. ④를 넣고 오그라들지 않게 집게로 펼쳐가며 중간 불에서 4~5분간 노릇하게 튀긴다. 체에 밭쳐 기름기를 뺀다.
★ 기름 온도 확인하기 18쪽

6 센 불에서 1~2분간 한 번 더 튀긴 후 체에 밭쳐 기름기를 뺀다.
★ 두 번 튀기면 더 바삭하다.

7 170℃의 기름에 ②의 삶은 감자를 넣고 중간 불에서 7~8분간 바삭하게 튀긴다.
★ 감자의 물기를 꼼꼼히 없앤 후 넣어야 기름이 튀지 않는다.

8 그릇에 담고 타르타르 소스 재료를 섞어 곁들인다.

잉글리쉬 머핀에 베이컨,
수란, 홀란다이즈 소스를 얹어 먹는
대표 브런치 메뉴. 포크와 나이프로
수란을 갈라 흘러내리는 노른자에
재료를 찍어 먹는다. 베네딕트라는
사람이 한 식당에서 메뉴판에
없던 새로운 메뉴를 주문함으로써
만들어진 것으로 그의 이름이
그대로 요리명이 된 것.

에그 베네딕트
Eggs benedict

에그 베네딕트

40~45분 / 2개분

- 잉글리쉬 머핀 1개
  - ● 낯선 재료 대체하기 290쪽
- 시금치 1줌(50g)
- 베이컨 2줄(30g)
- 버터 1작은술
- 소금 약간
- 통후추 간 것 약간

수란
- 달걀 2개

홀란다이즈 소스
- 달걀노른자 2개
- 녹인 버터 70g
- 레몬즙 1큰술
- 소금 약간
- 통후추 간 것 약간

Tip

중탕볼
스테인리스 재질의 얇은 볼에
손잡이가 달려있어 재료를
중탕할 때 사용한다. 베이킹 관련
온라인몰에서 구입 가능.

홀란다이즈(Hollandaise) 소스
양식의 5대 기본 소스라
불리는 소스로 달걀노른자,
버터를 중탕하여 만든다.
온도에 민감하므로 만든 후
따뜻하게 보관해 2시간 내로
먹어야 하며, 소스가 분리되면
노른자 약간을 넣고 빠르게 젓는다.
각종 튀김(특히 생선튀김),
데친 채소 등을 찍어 먹어도 좋다.

**낯선 재료
대체하기**

잉글리쉬 머핀 ▶ 식빵
영국식 머핀으로 맛은 담백하고, 식감은 촉촉하다.
반으로 갈라 햄이나 치즈 등을 채워 샌드위치처럼 먹곤 한다.
식빵 2장을 둥글게 잘라 대체해도 좋다.

1 끓는 물(3컵)에 식초(2큰술)를 넣는다. 한 손으로는 젓가락을 이용해 물을 한쪽 방향으로 세게 회오리치게 젓고, 다른 손으로는 국자에 담긴 달걀 1개를 살살 넣는다.

2 달걀 주위의 물을 젓가락으로 계속 저어주며 중간 불에서 흰자가 불투명해질 때까지 2~3분간 익힌다.

3 체로 살살 건져 얼음물에 담갔다 바로 뺀다. 같은 방법으로 1개 더 만든다. ★얼음물에 담갔다 빼면 더 탱글탱글해진다.

4 중탕볼에 소스 재료의 달걀노른자를 넣고 거품기로 가볍게 섞는다.

5 냄비의 80% 지점까지 물을 넣고 중간 불에서 가장자리에 기포가 생길 정도로만 끓인 후 ④의 중탕볼을 올린다. ★중탕볼에 물이 들어가지 않도록 조심한다.

6 녹인 버터를 조금씩 부으며 농도가 살짝 되직해질 때까지 2~3분간 거품기로 계속 섞는다. ★이때, 달걀이 익지 않도록 중탕볼을 냄비에 올렸다 내리기를 반복한다.

7 중탕볼을 냄비에서 내린 후 레몬즙, 소금, 통후추 간 것을 넣고 섞는다.

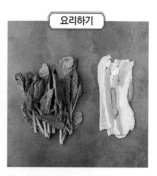

8 시금치는 뿌리를 제거하고 한 장씩 뜯는다. 베이컨은 2등분한다.

9 달군 팬에 버터를 녹인 후 2등분한 잉글리쉬 머핀을 넣고 앞뒤로 각각 1분씩 노릇하게 구운 후 덜어둔다.

10 달군 팬에 베이컨을 넣고 중간 불에서 앞뒤로 각각 1분씩 구운 후 덜어둔다.

11 ⑩의 팬에 시금치, 소금, 통후추 간 것을 넣고 중간 불에서 1분간 볶는다.

12 잉글리쉬 머핀에 시금치 → 베이컨 → 수란 순으로 올린 후 홀란다이즈 소스를 곁들인다.

슈니첼

Schnitzel

"

고기를 두드려 연하게
만든 후 고운 빵가루를 묻혀
튀긴 커틀릿. 일본의 돈가츠와 달리
소스 없이 레몬즙을 뿌리고,
크랜베리잼을 곁들이는 것이 특징.
조금 퍽퍽하므로 와인을
함께 먹으면 더욱 좋다.

낯선 재료 대체하기

크랜베리잼 ▶ **딸기잼**

크랜베리는 손톱 크기의 베리류 과실.
강한 신맛을 갖고 있어 주로 잼으로 만들어 사용한다.
동량의 딸기잼으로 대체해도 좋다.

- 돼지고기 등심 2장(또는 안심, 돈가스용, 300g)
- 밀가루 1/2컵(50g)
- 달걀 1개
- 빵가루 1컵(50g)
- 소금 약간
- 통후추 간 것 약간
- 식용유 5컵(1ℓ)
- 슬라이스 레몬 2조각
- 크랜베리잼 2큰술
  ▶ 낯선 재료 대체하기 292쪽

Tip

식빵으로 빵가루 만들기
냉동 식빵 3~4장을
믹서에 곱게 간다.

1 돼지고기는 칼등으로
두드려 최대한 얇게 편다.
소금, 통후추 간 것을 뿌린다.

2 빵가루는 믹서
(또는 푸드프로세서)에 곱게 간다.
★빵가루를 곱게 갈면 슈니첼
특유의 식감을 더 잘 느낄 수 있다.

3 그릇에 밀가루, 달걀, 빵가루를
각각 담고, 달걀은 완전히 푼다.
①의 돼지고기에 밀가루
→ 달걀순으로 반죽을 입힌다.

4 빵가루를 꾹꾹 눌러가며 묻힌다.

5 깊은 팬에 식용유를 넣고 170℃로
끓인다. ④를 넣고 오그라들지
않게 집게로 펼쳐가며 중간 불에서
5~6분간 노릇하게 튀긴 후
체에 밭쳐 기름기를 뺀다.
★기름 온도 확인하기 18쪽

6 센 불에서 1~2분간 한 번 더
튀긴 후 체에 밭쳐 기름기를 뺀다.
★두 번 튀기면 더 바삭하다.

7 그릇에 튀긴 고기를 담고
슬라이스 레몬, 크랜베리잼을
곁들인다.

 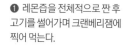

★ 맛있게 즐기기 ★
❶ 레몬즙을 전체적으로 짠 후
고기를 썰어가며 크랜베리잼에
찍어 먹는다.

❷ 소스가 없어 퍽퍽할 수
있으므로 와인을 곁들이면 좋다.

★ 사워 크라우트 만들기 296쪽

돼지(슈바인)의 발목 윗 부분
(학세)을 오븐에서 장시간 구운
독일 전통 요리로 비주얼은
우리나라의 족발과 비슷하다. 통째로
그릇에 담아 쫀득한 껍질과 살코기를
함께 썰어가며 먹는다. 이때, 양배추를
짭조름하게 절인 사워 크라우트와
으깬 감자인 매쉬드 포테이토를
곁들이면 더 맛있다.

슈바인학센
Schweinshaxe

★ 매쉬드 포테이토 만들기 296쪽

295

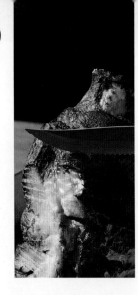

슈바인학센

1시간 50분~2시간(+ 핏물 빼기 3시간, 고기 재우기 1일) / 2~3인분

- 돼지 장족 1개(1.5~2kg)
- 월계수잎 3장

양념
- 사과 1개(200g)
- 양파 1개(200g)
- 대파 20cm
- 설탕 5큰술
- 소금 2큰술
- 커피가루 2큰술
- 다진 마늘 2큰술
- 흑맥주 1캔(500㎖)
- 계피가루 약간

소스 1_ 흑맥주 소스
- ▶ 낯선 재료 대체하기 296쪽
- 올리브유 1큰술
- 다진 마늘 1큰술
- 설탕 1과 1/2큰술
- 스테이크소스 3큰술
- 흑맥주 1/2컵(100㎖)
- 치킨육수 1/4컵
  (치킨스톡큐브 1/4개 + 물 1/4컵)

소스 2_ 아이올리 소스
- ▶ 낯선 재료 대체하기 296쪽
- 바게트 3쪽
- 다진 마늘 2큰술
- 올리브유 1컵(200㎖)
- 삶은 달걀 2개
- 화이트와인식초 2큰술
  (또는 레몬즙)
- 소금 약간
- 통후추 간 것 약간

돼지 장족
돼지의 다리를 통으로 판매하는
것으로 족발의 주재료이기도 하다.
온라인몰이나 재래시장에서
구입 가능.

사워 크라우트 만들기
독일식 양배추 절임을 뜻한다.
최대한 가늘게 채 썬 양배추
10장(300g), 소금 1큰술,
캐러웨이시드 1큰술을 섞는다.
바락바락 주물러 물이 생기게 한 후
냉장실에서 3~4일간 숙성 시킨다.
시판 통조림 제품으로도 구입 가능.

매쉬드 포테이토 만들기
베이컨 2줄(30g)은
0.5cm 두께로 썰어 센 불에서
2분간 바싹 볶는다. 삶아 으깬 감자
2개, 우유 1과 1/2큰술, 버터 1큰술,
넛맥가루 약간, 소금 약간과 섞는다.

Tip

낯선 재료 대체하기

흑맥주 소스 ▶ 핫소스 또는 돈가스소스
흑맥주에 각종 소스를 넣어 졸여 만든 것.
핫소스, 돈가스소스 등의 시판 소스를 찍어 먹어도 좋다.

아이올리 소스 ▶ 마요네즈 + 다진 마늘
마늘, 올리브유를 베이스로 만든 아이올리 소스.
마요네즈에 다진 마늘 약간을 섞어 대체해도 좋다.

1 돼지 장족은 잠길 만큼의 물에 담가
3시간 이상 핏물을 뺀다.
이때, 중간중간 물을 갈아준다.

2 사과, 양파, 대파는
한입 크기로 썬다. 믹서에
모든 양념 재료를 넣고 간다.

3 큰 볼에 ②, 월계수잎,
돼지 장족을 담가 랩을 씌워
냉장실에서 1일간 둔다.

4 ③의 돼지 장족은 양념을 털어낸다.
달군 팬에 넣고 센 불에서
5분간 굴려가며 굽는다.
★오븐은 110℃로 예열한다.

5 종이 포일을 깐 오븐 팬에 올린 후
쿠킹 포일을 덮는다.
110℃로 예열된 오븐의
가운데 칸에서 1시간 동안 굽는다.
이때, 중간에 한 번 뒤집어준다.

6 오븐의 온도를 220~230℃로 올려
15~20분간 바싹 굽는다.

흑맥주 소스

7 달군 냄비에 올리브유, 다진 마늘을
넣고 중간 불에서 1~2분간 볶는다.
나머지 흑맥주 소스 재료를 넣고
끓어오르면 중약 불에서
8~10분간 졸인다.

아이올리 소스

8 달군 팬에 바게트를 대강 뜯어
넣는다. 다진 마늘, 올리브유를
넣고 중간 불에서 3~4분간
볶은 후 한 김 식힌다.

9 믹서에 ⑧, 나머지 아이올리 소스
재료를 넣고 곱게 간다. 이때, ⑧의
팬에 있는 기름까지 모두 넣는다.
그릇에 모든 재료를 담는다.

★ 맛있게 즐기기 ★

❶ 고기를 세워 껍질과
살코기를 함께 얇게 저민 후
소스에 찍어 먹는다.
소스는 1가지만 만들어도 좋다.

❷ 사워 크라우트(296쪽)
또는 매쉬드 포테이토(296쪽)를
곁들이면 더욱 맛있다.

굴라시
Gulasch

"

고기와 파프리카,
각종 채소들을 푹 끓인 스튜로
헝가리의 전통 음식이긴 하나
독일을 비롯한 동유럽 국가에서
즐겨 먹는다. 유럽에서는 파프리카를
곱게 갈아 우리나라의 고춧가루처럼
사용하는데, 이를 넣어 은은한
매운맛을 내는 것이 특징.

낯선 재료 대체하기

밑간 ▶ 청주 + 고운 고춧가루 + 통후추 간 것

고기 밑간의 파프리카가루, 오레가노가루는 잡내를 제거하고,
풍미를 더해준다. 풍미는 덜해지지만 청주 2큰술,
고운 고춧가루 1작은술, 통후추 간 것 약간으로 대체해도 좋다.

치킨육수 ▶ 물

치킨스톡은 닭고기, 닭 뼈 등을 우려 만든 육수를 큐브, 파우더,
액상 형태로 가공한 것. 큐브 2개는 파우더나 액상 4작은술로
대체 가능. 굴라시에는 채소가 듬뿍 들어가므로 치킨육수 대신
동량의 물로 대체해도 좋다. 이때, 소금, 설탕으로 부족한 간을 더한다.

Tip

- 돼지고기 등심 400g
- 당근 1/2개(100g)
- 파프리카 1개(200g)
- 감자 1개(200g)
- 양송이버섯 4개(80g)
- 양파 1개(200g)
- 대파 20cm
- 마늘 3쪽(15g)
- 페페론치노 3개(생략 가능)
- 식용유 1큰술

밑간
➡ 낯선 재료 대체하기 298쪽
- 파프리카가루 1작은술
- 오레가노가루 1/4작은술
- 통후추 간 것 약간

소스
- 양조간장 1큰술
- 홀토마토 2와 1/2컵(500g)
- 치킨육수 5컵
  (치킨스톡큐브 2개 + 물 5컵)
➡ 낯선 재료 대체하기 298쪽
- 소금 약간
- 통후추 간 것 약간

홀토마토
토마토를 통째로 익힌 후 껍질을 제거해 토마토 즙에 저장한 제품으로 통조림 형태로 판매된다. 굴라시 특유의 걸쭉한 농도, 감칠맛을 내기 위해 필수로 사용한다.

채소 사용하기
당근, 파프리카는 한 종류로 대체해도 좋다. 이때, 당근은 1개, 파프리카는 2개를 사용한다.

1 돼지고기는 사방 2cm 크기로 썬 후 밑간 재료와 버무린다.

2 당근, 파프리카, 감자, 양송이버섯은 한입 크기로 썬다.

3 양파는 가늘게 채 썬다. 대파는 송송 썰고, 마늘은 얇게 편 썬다.

4 볼에 소스 재료를 섞는다.

5 달군 냄비에 식용유, 양파를 넣고 중약 불에서 갈색이 될 때까지 15분간 볶는다.

6 대파, 마늘, 페페론치노를 넣고 중간 불에서 1~2분, 돼지고기를 넣고 3분, ②의 채소를 넣고 2분간 볶는다.

7 ④의 소스를 넣고 끓어오르면 뚜껑을 덮고 중간 불에서 10분, 뚜껑을 열고 중약 불에서 걸쭉해질 때까지 15~20분간 중간중간 저어가며 끓인다.

★ 맛있게 즐기기 ★
바게트 또는 삶은 감자를 곁들여 먹는다.

퐁뒤
Fondue

"

'녹이다'란 뜻의
프랑스어 '퐁드르(Fondre)'
에서 유래한 퐁뒤는 알프스 지역에서
시작된 요리이다. 추운 겨울,
딱딱해진 치즈와 굳은 빵을
활용할 방법을 고안하다 탄생한 것.
긴 꼬챙이에 다양한 재료를 끼워
치즈 소스에 찍어 먹으면
된다.

★곁들임_ 하몽

★곁들임_ 감자, 브로콜리

★곁들임_ 살라미

★곁들임_ 바게트

301

퐁뒤

20~30분 / 2~3인분

치즈 소스
- 그뤼에르 치즈 200g(간 것, 4컵)
  - ▶ 낯선 재료 대체하기 302쪽
- 파마산 치즈가루 3/4컵(약 70g)
- 슈레드 피자치즈 1과 1/2컵(150g)
- 화이트와인 1/2컵(100㎖)
- 올리브유 1큰술
- 다진 마늘 1작은술
- 생크림 1컵(200㎖)
- 소금 약간

곁들임
- 바게트, 살라미, 하몽 적당량
- 브로콜리 1/2개(150g)
- 감자 2개(400g)

화이트와인
껍질을 벗긴 포도를 발효,
숙성 시켜 만들어 투명한 빛을
띠는 와인. 퐁뒤에 풍미를 주는데,
단맛이 적은 드라이한 와인을
사용하는 것이 좋다.

살라미, 하몽
살라미(35쪽)는 소시지를
저온에서 바짝 건조한 것.
하몽(35쪽)은 돼지의
넓적다리를 소금에 건조,
숙성 시켜 만든 생 햄. 대형 마트의
햄 코너에서 구입할 수 있다.

낯선 재료 대체하기

그뤼에르 치즈 ▶ 슬라이스 치즈
스위스 그뤼에르 마을에서 생산하는 치즈로
정통 방식의 퐁뒤는 이 치즈와 에멘탈 치즈를 절반씩 사용하곤 한다.
진한 풍미는 덜해지지만 동량의 슬라이스 체다치즈, 고다치즈 등으로 대체해도 좋다.

1 그뤼에르 치즈는
치즈 그레이터(39쪽)에 곱게 간다.

2 달군 냄비에 올리브유,
다진 마늘을 넣어
중간 불에서 1분간 볶는다.

3 화이트와인을 넣고 3분간 끓인다.

4 3가지 치즈를 모두 넣는다.
중약 불에서 5~6분간
치즈가 녹을 때까지 끓인다.

5 생크림을 넣고 걸쭉해질 때까지
3~4분간 끓인다.
소금으로 부족한 간을 더한다.

곁들임

6 바게트, 살라미, 하몽은
한입 크기로 썬다.

7 브로콜리는 한입 크기로 썬다.
끓는 물(3컵) + 소금(1작은술)에
넣고 중간 불에서 1분간 데친다.

8 냄비에 감자, 잠길 만큼의 물,
소금(약간)을 넣는다.
뚜껑을 덮고 센 불에서 끓어오르면
중간 불로 줄여 젓가락으로
찔렀을 때 쉽게 들어갈 때까지
삶은 후 한입 크기로 썬다.

★ **맛있게 즐기기** ★

❶ 치즈 소스는 금방 굳으므로
온도를 유지해주는 전용 용기를
사용하거나, 약한 불에 올려
데워가며 먹는 것을 추천.

❷ 취향에 따라 각종 과일,
생 채소, 크래커 등 다양한
재료를 곁들여도 좋다.

Switzerland

스위스식 감자전으로
요리명은 '굽다(Roast)'란 뜻의
독일어 '뢰스튼(Rösten)'에서
비롯된 것. 스위스의 겨울 강추위에도
감자는 저장이 용이한 편이라서
농부들이 아침식사로 즐기던
음식으로 알려져 있다.

99

뢰스티
Rösti

낯선 재료
대체하기

그라나파다노 치즈 ▶ 슬라이스 치즈
그라나는 이탈리아어로 알갱이라는 뜻. 즉, 수분이 적어
알갱이들이 뭉쳐져 있는 형태의 단단한 치즈. 때문에 주로 갈아서 사용한다.
과정 ⑦에서 슬라이스 치즈 1장을 올리는 것으로 대체해도 좋다.

- 감자 3개(600g)
- 베이컨 3줄(45g)
- 소금 약간
- 통후추 간 것 약간
- 밀가루 1큰술
- 식용유 2큰술
- 달걀노른자 1개
- 그라나파다노 치즈 간 것 1/2컵(25g)
  ▶ 낯선 재료 대체하기 304쪽

1 감자 2개는 가늘게 채 썬 후 찬물에 10분간 담가둔다.

2 감자 1개는 강판에 간 후 체에 밭쳐 둔다.

3 베이컨은 0.5cm 두께로 썬다.

4 ①의 채 썬 감자는 키친타월로 물기를 없앤다. 볼에 채 썬 감자, ②의 간 감자, 베이컨, 소금, 통후추 간 것을 섞는다.

5 밀가루를 넣고 대강 섞는다.

6 달군 팬에 식용유를 두른 후 ⑤의 반죽을 넣고 얇게 펼친다. 중간 불에서 앞뒤로 각각 3~5분씩 바삭하게 굽는다.

7 그릇에 담고 달걀노른자, 그라나파다노 치즈 간 것을 올린다.

★ 맛있게 즐기기 ★

❶ 구운 소시지, 베이컨, 어린잎 채소, 토마토케첩을 곁들여도 좋다.

❷ 달걀노른자 대신 달걀프라이를 올려도 된다.

아랍어로 구운 고기를 뜻하는
'Kabāb(카밥)'에서 유래된 이름.
종류가 매우 다양한데 고기 조각을
꼬치에 끼워 굽는 '쉬쉬케밥(Shish
kebap)'과 큰 꼬치에 덩어리 고기를
끼우고 돌려가며 굽는 '되네르 케밥
(Doner kebap)' 2가지를 가장 많이
볼 수 있다. 볶음밥이나 담백한
빵과 함께 먹는다.

케밥
Kebap

★카레볶음밥 만들기 307쪽

- 닭다릿살 200g
- 양파 1/2개(100g)
- 가지 1/3개(50g)
- 피망 1개(100g)
- 양송이버섯 3개(60g)
- 식용유 1큰술

밑간
- 청주(또는 소주) 1큰술
- 소금 약간
- 통후추 간 것 약간

소스
- 설탕 1/2큰술
- 양조간장 2큰술
- 맛술 1큰술
- 레몬즙 1큰술
- 올리고당 1/2큰술

채소 사용하기
양파, 가지, 피망, 양송이버섯은
1~2가지만 사용해도 좋다. 이때,
총량은 약 300g이 되도록 한다.

카레볶음밥 만들기
달군 팬에 식용유 1큰술,
다진 채소 1컵(양파, 피망 등,
100g)을 넣고 중간 불에서
2분간 볶는다. 밥 1공기(200g),
카레가루 1큰술, 우스터소스
(또는 굴소스) 1/2큰술, 굴소스
1/2큰술을 넣고 1~2분간 볶는다.

1 닭다릿살은 한입 크기로 썬 후
밑간 재료와 버무린다.

2 볼에 소스 재료를 섞는다.

3 양파, 가지, 피망, 양송이버섯은
한입 크기로 썬다.

4 나무꼬치에 닭다릿살, 채소를
번갈아가며 끼운다.
★나무꼬치는 미리 물에 담가
불려두면 구울 때 타지 않는다.

5 달군 팬에 식용유, 꼬치를 넣고
센 불에서 뒤집어가며 2분,
중약 불로 줄여 4분간
뒤집어가며 굽는다.
★팬의 크기에 따라 나눠 굽는다.
이때, 식용유는 부족하면 더한다.

6 앞뒤로 소스를 바르고 뒤집어가며
1~2분간 노릇하게 굽는다.

★맛있게 즐기기 ★
남은 채소로 카레볶음밥을
만들어 곁들이면
더 푸짐하게 즐길 수 있다.

Story

세계 각국의 맥주 문화

엄격한 기준으로 맥주를 생산하는 〔독일〕

독일에는 예로부터 '맥주 순수령'이라는 제도가 있다. 이는 오로지 맥아, 홉, 효모, 물로만 맥주를 만들어야 한다는 법령이다. 이렇듯 기본 재료만으로 질 좋은 맥주를 만들어야 했기에 맥주 기술이 매우 발달했지만, 타국의 맥주나 크래프트 맥주(Craft beer; 수제 맥주)를 받아들이지 않는 보수적인 면 때문에 단조로운 기본 스타일의 맥주가 주를 이루는 편. 독일 맥주 스타일 중 대표격은 '라거'.

에일 맥주의 본고장 〔영국〕

'라거' 하면 독일, '에일' 하면 영국으로 양분될 만큼 영국 맥주는 농익은 맛과 향이 특징적이다. 에일 맥주 중에서도 오랫동안 영국을 대표했던 것은 어둡고 떫은맛의 '포터'였다. 그러나 18세기, 보리를 볶을 때 새로운 연료를 사용해 밝은 맥아를 얻어냈고 이를 주원료로 포터보다 부드럽고 밝은 에일 맥주를 만들었다. 바로 '페일(Pale; 창백한) 에일'. 이것이 현재 가장 기본적인 타입의 에일 맥주로 간주된다.

필스너는 세계 최고 〔체코〕

전 세계에서 맥주 소비량 1위로 꼽히는 체코. 황금색의 라거 맥주인 '필스너'가 유명하며 이는 체코의 필젠 지역에서 처음 생산되어 붙여진 이름이다. 원조 필스너 맥주를 만든 체코의 양조장을 문화유산처럼 간직할 정도로 필스너에 대한 애정이 큰 체코. 그렇기에 맥주 스타일이 다양하진 않아도 필스너만큼은 제대로 만드는 국가로 인식되곤 한다.

독특한 맥주가 발달한 〔벨기에〕

벨기에는 맥주에 대한 엄격한 규제가 없기에 색깔, 향, 도수, 재료 등이 천차만별인 이색 맥주들이 발달했다. 소규모 양조장의 맥주를 선호하는 분위기가 맥주 시장에 활기를 불어 넣기도. 또한 벨기에는 자연발효맥주인 '람빅'의 나라로도 불리는데, 라거나 에일 맥주가 인위적으로 배양한 맥주 효모만으로 발효를 시킨다면 람빅은 대기 중에 포함된 미생물도 발효에 사용하는 것이 특징. 다루기가 까다로워 대중적인 방법은 아니지만, 덕분에 벨기에 맥주의 특징으로 손꼽히고 있다.

역사는 짧지만 새로운 스타일의 맥주가 가득한 〔 미국 〕

미국 맥주는 유럽 출신의 이주자들의 영향을 받아 초창기엔 유럽의
맥주와 다를 바가 없었다. 20세기 초, 금주령과 제2차 세계대전을 겪으며
미국의 맥주 문화는 더욱 침체되었고, 전쟁 이후 버드와이저, 밀러 등
대기업형 라거 맥주가 시장을 독점했다. 하지만 1980년대, 미국 내
크래프트 맥주의 유통이 합법화되면서 양조장이 많이 생겼고 미국만의
다양한 맥주들이 생겨났다. 역사는 짧지만 개방적인 시장 분위기 덕분에
새로운 스타일의 맥주가 지속적으로 탄생하고 있는 것.

 대형 회사 맥주부터 로컬 맥주까지 발달한 〔 일본 〕

메이지유신 이후 맥주를 즐겨 마시던 서양인들의 왕래가 일본 내 잦아졌다.
이들은 처음엔 각국에서 맥주를 들여와 마셨지만 변질 상의 문제가 생기자
일본에서 직접 제조하기 시작했고, 이를 계기로 일본의 맥주 문화도
발달한 것. 일본 맥주의 특징은 깔끔한 맛 즉, 드라이(Dry)함을 강조한
브랜드가 많다는 점, 쌀이나 옥수수 등 다른 곡류를 혼합해 만든 발포주를
자주 볼 수 있다는 점을 들 수 있다. 또한 지역별로 맥주를 소량 생산하는
문화가 있는데, 이러한 지역 특산 맥주를 '지비루(地ビール)'라 부른다.

 잘 나가는 칭다오 맥주의 본고장 〔 중국 〕

19세기 독일이 중국의 청도(칭다오) 지역을 점령하면서 맥주 공장을 설립했고,
독일식 맥주의 영향을 많이 받은 칭다오 맥주가 탄생하게 됐다. 중국 맥주 중
세계적으로 가장 유명한 것은 칭다오이지만, 중국 최초의 맥주는 하얼빈 맥주.
이는 중국에서 철도를 건설하던 러시아 노동자들에게 제공하기 위한 목적으로
러시아인이 개발한 것이다. 이렇게 중국에서 가장 유명한 맥주인
칭다오, 하얼빈 모두 기름진 음식과 잘 어울리는 청량한 맛이 특징.

라거? 에일?

맥주는 발효 방식에 따라 크게 라거(Lager)와
에일(Ale)과 2가지로 분류할 수 있다.
라거는 저온에서 발효 시켜 시원하고
톡 쏘는 맛이 특징. 반면 에일은 고온에서
발효 시키는 맥주로 농익은 향이 일품이다.

〔 **라거의 세부 분류** 〕

- **페일 라거(Pale lager)**
  탄산이 풍부해 청량함.
  대부분의 국산 맥주가 이에 속한다.

- **필스너(Pilsner)**
  부드러운 거품이 일품.
  대부분의 체코, 독일 맥주가 해당.

- **둥켈(Dunkel)**
  보리를 검게 볶아 고소한 맛이 강한 편.

〔 **에일의 세부 분류** 〕

- **페일 에일(Pale ale)**
  밝은 색의 에일 맥주로
  맛과 향 또한 부드러운 편.

- **인디아 페일 에일(India Pale Ale, IPA)**
  홉을 많이 넣어 도수가 높고
  맛과 향이 짙다.

- **스타우트(Stout)**
  보리를 검게 볶아 색이 진하고,
  맛도 묵직한 흑맥주.

- **바이젠(Weizen)**
  밀맥주로 쓴맛이 적고
  과일향이 은은하게 남.

- **사워 에일(Sour ale, Lambic)**
  '람빅'이라 불리는 벨기에식 맥주로
  독특한 신맛이 특징.

USA

Mexico

Canada

컬러풀한 북미 요리들

미국——————
멕시코
캐나다
쿠바
페루

머나먼 아메리카 대륙의 요리들을 만나볼까요?
첫 번째는 미국의 요리입니다. 세계 각지에서 온 이민자들의 영향을 받아
다양한 스타일의 요리가 가득하지요. 두 번째는 멕시코. 알록달록한 채소와
매콤한 소스를 애용하기 때문에 색감부터 화려한 것이 특징이랍니다.
그다음, 캐나다의 국민 간식 '푸틴', 영화 출연도 했던 '쿠바 샌드위치',
미식가라면 한 번쯤 들어봤을 페루의 해산물 샐러드 '세비체'까지
차근차근 만나보아요. 아메리카 미식 여행, 시작합니다!

Cuba

Peru

맥 앤 치즈
Mac n cheese

> "
'마카로니 앤드 치즈
(Macaroni and cheese)'의 줄임말로
삶은 마카로니와 체다 치즈 소스를
함께 익힌 일종의 그라탱. 파스타의
본고장 이탈리아에서 마카로니와 작은
치즈 조각을 함께 먹던 것이 발전한 형태.
짭조름하면서 고소한 풍미가 좋아
콜라와 함께 간식으로 먹거나
맥주 안주로 추천!

낯선 재료 대체하기

마카로니 ▶ 쇼트 파스타

마카로니는 파스타 면의 일종으로
길이가 매우 짧고 반 잘린 튜브 모양을
띠고 있다. 동량의 다른 쇼트 파스타로
대체해도 좋다.

우스터소스, 넛맥가루 ▶ 굴소스, 통후추 간 것

우스터소스는 앤초비, 식초, 설탕, 각종 향신료를 섞어
발효 시킨 것. 동량의 굴소스로 대체 가능하다.
넛맥가루는 주로 감자 요리에 아린 맛을 줄이기 위해
활용하는 향신료. 생략할 경우 통후추 간 것을 약간 더 넣어도 좋다.

- 마카로니 1컵(110g)
  - ▶ 낯선 재료 대체하기 312쪽
- 베이컨 2줄(30g)
- 식용유 1큰술
- 버터 1큰술
- 밀가루 1큰술
- 우유 1컵(200㎖)
- 슬라이스 체다치즈 2장
- 슈레드 피자치즈 3큰술

소스
- 우스터소스 1/2작은술
  - ▶ 낯선 재료 대체하기 312쪽
- 넛맥가루 1/4작은술
  - ▶ 낯선 재료 대체하기 312쪽
- 소금 약간
- 통후추 간 것 약간

Tip

체다치즈
영국의 대표적인 치즈.
현재는 대량 생산하기 때문에
식품 첨가물로 맛을 조절해
순한 맛부터 진한 맛까지 다양하다.
보통 슬라이스 형태로 판매.

1 베이컨은 0.5cm 두께로 썬다.
볼에 소스 재료를 섞는다.

2 끓는 물(3컵) + 소금(약간)에
마카로니를 넣고 중간 불에서
끓어오르면 8분간 삶은 후
체에 밭쳐 물기를 뺀다.

3 달군 팬에 식용유, 베이컨을 넣고
중간 불에서 2~3분간 바싹 볶은 후
키친타월에 올려 기름기를 뺀다.

4 달군 냄비에 버터를 녹인 후
밀가루를 넣고 중약 불에서
진한 노란빛이 날 때까지
2~3분간 볶는다.
★ 오븐은 180℃로 예열한다.

5 우유를 조금씩 부어가며
걸쭉해질 때까지 3~5분간 볶는다.
①의 소스를 넣고 섞은 후
불을 끈다.

6 체다치즈를 넣고 남은 열로
녹인 후 ②의 삶은 마카로니를 섞어
치즈를 흡수하도록 3분간 둔다.

7 내열용기에 ⑥을 담고
③의 베이컨, 슈레드 피자치즈를
올린다.

8 180℃로 예열된 오븐의
가운데 칸에서 치즈가 녹을 때까지
8~10분간 굽는다.

햄버거
Hamburger

"
독일인 요리사가 스테이크의
풍미를 극대화하고자 고기를 갈아
'함부르크 스테이크(Hamburg
steak)'란 음식을 개발했고,
이후 미국의 한 행사장에서
둥근 빵 사이에 이 스테이크를 끼워
먹기 편한 샌드위치 형태로 선보인
것이 미국식 햄버거 탄생의
기원 중 하나이다.

낯선 재료
대체하기

우스터소스 ▶ 굴소스
영국의 우스터 지방에서 유래한 소스로
앤초비, 식초, 설탕, 각종 향신료를 섞어 발효 시킨 것.
톡 쏘는 신맛과 달콤한 맛이 함께 난다.
동량의 굴소스로 대체해도 좋다.

- 햄버거 빵 2개
- 양파 1/2개(100g)
- 양상추 2장(30g)
- 슬라이스 오이피클 6개
- 슬라이스 치즈 2장
- 냉장 버터 2개(사방 1cm)
- 식용유 1큰술
- 마요네즈 1큰술

패티
- 양파 1/2개(100g)
- 다진 쇠고기 150g
- 다진 돼지고기 100g
- 달걀 1개
- 빵가루 4큰술
- 생크림(또는 우유) 2큰술
- 우스터소스 1/2큰술
  ▶ 낯선 재료 대체하기 314쪽
- 소금 약간
- 통후추 간 것 약간
- 버터 1큰술

소스
- 다진 양파 2큰술
- 토마토케첩 1과 1/2큰술
- 우스터소스 1과 1/2큰술
  ▶ 낯선 재료 대체하기 314쪽
- 올리고당 1큰술
- 다진 마늘 1작은술
- 레몬즙 1작은술
- 통후추 간 것 약간
- 버터 약간

1 양파 1/2개는 0.5cm 두께의 링 모양으로 썰고, 패티 재료의 양파 1/2개는 가늘게 채 썬다. 볼에 다진 양파, 버터를 제외한 소스 재료를 섞는다.

2 달군 냄비에 버터 약간을 녹인 후 다진 양파를 넣고 중간 불에서 2분, ①의 섞어둔 소스를 넣고 1~2분간 끓여 소스를 완성한다.

3 달군 냄비에 버터 1큰술을 녹인 후 ①의 채 썬 양파를 넣는다. 중약 불에서 갈색이 될 때까지 12~15분간 볶은 후 한 김 식힌다.

4 다진 고기는 키친타월로 핏물을 없앤다. 볼에 ③의 볶은 양파, 나머지 모든 패티 재료를 넣고 충분히 치댄다.

5 2등분한 후 가운데에 냉장 버터를 1개씩 넣고 감싸 둥글납작하게 만든다. 겉면에 밀가루(약간)를 묻힌다. ★익으면서 두꺼워지므로 가운데 부분을 살짝 눌러주면 좋다.

6 달군 팬에 식용유, ⑤의 패티를 넣고 뚜껑을 덮어 중약 불에서 앞뒤로 각각 4~5분씩 속까지 익힌 후 덜어둔다. ★이때, 식용유는 부족하면 더한다.

7 ⑥의 패티 구운 팬에 ①의 링 모양 양파를 넣고 중간 불에서 앞뒤로 각각 1분씩 구운 후 넣어둔다. 팬을 씻고 다시 달궈 햄버거 빵을 안쪽 면이 팬에 닿도록 넣고 중약 불에서 1분간 굽는다.

8 2개의 빵에 마요네즈를 나눠 바른 후 → 양상추, 피클, ⑦의 양파 → 패티 → 소스 → 치즈 → 빵 순으로 쌓는다.

클램 차우더
Clam chowder

조갯살, 감자를 주재료로
만든 수프. 과거 대서양 해안가에
살던 어부들에게 조개는 매우
흔한 식재료였고, 이를 듬뿍 넣어
수프를 끓여 먹곤 했다. 오늘날
현지 레스토랑에서는 굴맛이 나는
짭조름한 오이스터 크래커를
부숴 토핑으로 올리기도.

낯선 재료 대체하기

치킨육수 ▶ 물

치킨스톡은 닭고기, 닭 뼈 등을 우려 만든 육수를 큐브, 파우더, 액상 형태로 가공한 것.
큐브 1개는 파우더나 액상 2작은술로 대체 가능. 감칠맛은 덜해지지만
치킨육수를 동량의 물로 대체해도 좋다. 이때, 마지막에 소금으로 부족한 간을 더한다.

- 조갯살 1/2컵(75g)
- 양송이버섯 5개(100g)
- 감자 1/2개(100g)
- 양파 1/2개(100g)
- 베이컨 2줄(30g)
- 버터 1큰술 + 1큰술
- 밀가루 2큰술
- 치킨육수 1과 1/2컵
  (치킨스톡큐브 1개 + 물 1과 1/2컵)
  ▶ 낯선 재료 대체하기 316쪽

- 우유 1컵(200㎖)
- 생크림 1/2컵(100㎖)
- 파마산 치즈가루 2큰술
- 소금 약간
- 통후추 간 것 약간

Tip

파마산 치즈가루
파르미지아노 레지아노 치즈
간 것을 뜻한다. 흔히 통에 담아
'파마산 치즈가루'라 판매되는
시판 제품은 치즈의 함량은 적고
옥수수가루, 화학조미료 등을
섞어 만든 것이다. 풍미는 덜하지만
사용하기 간편한 것이 장점.

1 조갯살은 체에 받쳐
소금물에 넣고 살살 흔들어
씻은 후 물기를 뺀다.

2 양송이버섯은 얇게 편 썰고,
감자, 양파는 잘게 다진다.
베이컨은 1cm 두께로 썬다.

3 달군 냄비에 버터 1큰술을
녹인 후 ②의 재료를 넣고
센 불에서 3분간 볶은 후 덜어둔다.

4 냄비를 씻고 다시 달궈 버터
1큰술을 녹인 후 밀가루를 넣고
중간 불에서 진한 노란빛이
날 때까지 2~3분간 볶는다.

5 ③을 넣고 섞는다.

6 치킨육수를 넣고
약한 불에서 8~10분간
저어가며 끓인다.

7 우유, 생크림을 넣고
중간 불에서 3~4분간
저어가며 끓인다.

8 조갯살, 파마산 치즈가루를 넣고
2~3분간 저어가며 끓인 후
소금, 통후추 간 것을 넣는다.
★기호에 따라 뜨거운 우유를
더해 농도를 조절해도 좋다.

제 2차 세계대전 이후,
하와이로 이민 온 일본인이 자국의
유학생들을 위해 개발한 것이 시초.
햄버그 스테이크에 밥과
달걀프라이를 곁들인 형태이다.
본래 그레이비 소스(Gravy sauce;
고기의 육즙을 주재료로 만든
소스)를 뿌려 먹으나 좀 더
쉽게 개발했다.

로코모코
Loco moco

하와이 사람들이 신선한
회를 맛있게 먹기 위해 개발한
요리. '포케'는 '조각내다'라는 뜻의
하와이 언어로 연어나 참치 등의
생선을 큐브 모양으로 써는 것이 특징.
각종 채소, 소스를 함께 담아
샐러드처럼 먹기도 하고, 밥 위에
얹어 포케보울(Poke bowl)로
즐기기도.

포케
Poke

★ 참치 포케보울 만들기 322쪽

로코모코

35~40분 / 2인분

- 따뜻한 밥 2공기(400g)
- 달걀 2개
- 양파 1개(200g)
- 식용유 1큰술 + 1/2큰술
- 냉장 버터 2개(사방 1cm)

패티
- 다진 쇠고기 150g
- 다진 돼지고기 100g
- 달걀 1개
- 빵가루 4큰술
- 생크림(또는 우유) 2큰술
- 우스터소스 1/2큰술
  ▶ 낯선 재료 대체하기 320쪽
- 소금 약간
- 통후추 간 것 약간

소스
- 버터 1큰술 + 1과 1/2큰술
- 밀가루 1큰술
- 토마토 페이스트 1큰술
  ▶ 낯선 재료 대체하기 320쪽
- 레드와인 1/4컵(50㎖)
- 치킨육수 1컵
  (치킨스톡큐브 1/3개 + 물 1컵)
- 양조간장 1/2작은술
- 우스터소스 1작은술
  ▶ 낯선 재료 대체하기 320쪽
- 소금 약간
- 통후추 간 것 약간

레드와인
껍질을 벗기지 않은 포도를
발효, 숙성 시켜 만들어 레드빛을
띠는 와인. 화이트와인보다
맛이 약간 떫은 편이며
고기 요리에 많이 활용한다.

치킨스톡
닭고기, 닭 뼈 등을 우려 만든
육수를 큐브, 파우더, 액상 형태로
가공한 것. 큐브 1/3개는 파우더나
액상 2/3작은술로 대체 가능.

Tip

**낯선 재료
대체하기**

우스터소스 ▶ **굴소스**
영국의 우스터 지방에서 유래한 소스로
앤초비, 식초, 설탕, 각종 향신료를 섞어 발효 시킨 것.
톡 쏘는 신맛과 달콤한 맛이 함께 난다.
동량의 굴소스로 대체해도 좋다.

토마토 페이스트 ▶ **토마토케첩**
토마토의 껍질, 씨를 제거하고 과육과 즙을
함께 걸쭉해질 때까지 끓인 것. 농축되어
신맛이 강한 편이고 질감은 고추장과 비슷하다.
동량의 토마토케첩으로 대체해도 좋다.

1 달군 냄비에 버터 1큰술을 녹인 후 밀가루를 넣는다. 중약 불에서 진한 노란빛이 날 때까지 2~3분간 볶은 후 덜어둔다. 냄비를 씻는다.

2 양파는 가늘게 채 썬다.

소스용   패티용

3 달군 냄비에 버터 1과 1/2큰술, 양파를 넣고 중약 불에서 갈색이 될 때까지 15분간 볶는다. 이때, 볶은 양파 1/2분량을 패티용으로 덜어둔다.

4 ③의 냄비에 토마토 페이스트를 넣고 중약 불에서 2분, ①, 나머지 소스 재료를 넣고 걸쭉해질 때까지 10~15분간 저어가며 끓여 소스를 완성한다.

5 다진 고기는 키친타월로 핏물을 없앤다. 볼에 ③의 덜어둔 패티용 양파, 나머지 모든 패티 재료를 넣고 충분히 치댄다.

6 2등분한 후 가운데에 냉장 버터를 1개씩 넣고 감싸 둥글납작하게 만든다.

7 겉면에 밀가루(약간)를 묻힌다. ★익으면서 두꺼워지므로 가운데 부분을 살짝 눌러주면 좋다.

8 달군 팬에 식용유 1큰술, 패티를 넣고 뚜껑을 덮어 중약 불에서 앞뒤로 각각 4~5분씩 속까지 익힌 후 덜어둔다. ★이때, 식용유는 부족하면 더한다.

9 달군 팬에 식용유 1/2큰술을 두른 후 달걀을 넣고 중간 불에서 1분 30초간 반숙으로 익힌다.

10 그릇에 ④의 소스 → 밥 → 패티 → 달걀프라이 순으로 나눠 담는다.

321

포케

25~30분 / 2인분

- 생 연어 1토막(약 200g)
- 냉동 생새우살 8마리(120g)
- 당근 1/5개(40g)
- 오이 1/4개(50g)
- 토마토 1개(150g)
- 아보카도 1개
- 삶은 병아리콩 1컵
  (160g, 불리기 전 80g)
  ▶ 낯선 재료 대체하기 322쪽
- 식용유 1큰술
- 삶은 달걀 2개
- 바게트 4쪽
- 마요네즈 1큰술
- 홀그레인 머스터드 1큰술

레몬오일 소스
- 레몬즙 4큰술
- 소금 1작은술
- 올리브유 1/2컵(100㎖)

칠리 소스
- 설탕 1큰술
- 다진 마늘 1/2큰술
- 토마토케첩 1큰술
- 고추기름 1큰술

밑간
- 청주(또는 소주) 1큰술
- 소금 약간
- 통후추 간 것 약간

참치 포케보울 만들기
냉동참치 200g,
따뜻한 밥 1공기(200g)
소스
송송 썬 쪽파 2줄기, 양조간장
2큰술, 통깨 1작은술,
설탕 1작은술, 참기름 1작은술
→ 냉동참치는 사방 1.5cm 크기로
썬 후 소스와 버무려 밥에 올린다.

병아리콩 삶기 190쪽

달걀 삶기 67쪽

고추기름 만들기 81쪽

Tip

**낯선 재료
대체하기**

병아리콩 ▶ 다른 콩
칙피(Chick pea)라고도 불리는 이집트 콩.
울퉁불퉁한 모양이 부리가 있는
병아리 머리와 닮았다 하여 이름 붙여졌다.
동량의 다른 삶은 콩(완두콩, 강낭콩)으로 대체해도 좋다.

1 냉동 생새우살은 찬물에 담가 해동한 후 물기를 뺀다.

2 2가지 소스 재료를 각각 섞는다.

3 생새우살은 밑간 재료와 버무린다.

4 아보카도는 칼이 씨에 닿도록 깊숙이 꽂은 후 360° 빙 돌려가며 칼집을 낸다

5 비틀어서 두쪽으로 나눈다.

6 씨에 칼날을 꽂아 비틀어 뺀 후 손(또는 칼)으로 껍질을 벗긴다.

7 당근, 오이, 토마토, 아보카도는 사방 0.5cm 크기로 썬다.

8 연어는 사방 1.5cm 크기로 썬다.

9 ③의 생새우살은 꼬치에 끼운다. 달군 팬에 식용유, 새우 꼬치를 넣고 앞뒤로 각각 2~3분씩 굽는다.

10 2개의 그릇에 ⑦, 연어, 삶은 병아리콩, 레몬오일 소스를 나눠 담는다. 그 위에 삶은 달걀, 바게트, 마요네즈, 홀그레인 머스터드, 새우 꼬치도 올린다. 칠리 소스는 따로 곁들인다.

★ 맛있게 즐기기 ★
❶ 재료를 살살 섞은 후 토핑한 마요네즈, 홀그레인 머스터드를 약간씩 곁들여가며 먹는다. 바게트에 올려 먹어도 좋다.

❷ 새우 꼬치는 곁들이는 칠리 소스에 찍어 먹는다.

시저 샐러드

Caesar salad

> "
>
> '시저 칼디니(Caesar cardini)'
> 라는 미국인 요리사의 이름을
> 딴 샐러드. 한 레스토랑에서
> 손님이 밀려들자 남은 재료를 활용해
> 즉흥적으로 만든 것이 이 요리의 기원.
> 썰지 않은 로메인을 손님의 테이블에서
> 드레싱에 바로 버무려 주던 것도
> 하나의 특징이다.

낯선 재료 대체하기

통로메인 ▶ **쌈 채소**
로마인들이 즐겨 먹던 상추라 해서 붙여진 이름.
일반 상추보다 쓴맛이 적고 식감이 아삭하다.
낱장의 잎 또는 포기째로 판매된다.
동량의 쌈 채소로 대체해도 좋다.

앤초비 ▶ **소금**
멸치와 비슷한 작은 생선을 소금에 절인 것.
올리브유에 담겨 통조림, 병조림 형태로 판매된다.
생략할 경우 소금을 약간씩 더해가며 간을 본다.

- 통로메인 2개(10장, 50g)
  - ◐ 낯선 재료 대체하기 324쪽
- 어린잎 채소 1줌(20g, 생략 가능)
- 식빵 1장
- 베이컨 1줄(15g)
- 식용유 1큰술
- 그라나파다노 치즈 간 것 1/2컵(25g)

크루통 소스
- 파마산 치즈가루 1/2큰술
- 올리브유 3큰술
- 파슬리가루 1작은술(생략 가능)
- 다진 마늘 1작은술

드레싱
- 앤초비 4마리(20g)
  - ◐ 낯선 재료 대체하기 324쪽
- 설탕 1큰술
- 다진 마늘 1/2큰술
- 우유 2큰술
- 발사믹식초 1큰술
- 마요네즈 2큰술
- 올리브유 1/4컵(50㎖)
- 통후추 간 것 약간

Tip

그라나파다노 치즈
그라나는 이탈리아어로
알갱이라는 뜻. 즉, 수분이 석어
알갱이들이 뭉쳐져 있는 형태의
단단한 치즈. 때문에 갈아서
사용한다.

발사믹식초
포도즙을 졸여 만든 식초로
발사믹(Balsamic)은 이탈리아어로
향기가 좋다는 의미이다.

1 믹서에 드레싱 재료를 넣고 간 후 냉장실에 넣어둔다.

2 통로메인은 길이로 2~4등분한다.

3 식빵은 사방 1cm 크기로 썬다.

4 베이컨은 0.5cm 두께로 썬다.

5 볼에 크루통 소스 재료를 섞은 후 식빵과 버무린다.

6 달군 팬에 ⑤를 넣고 중약 불에서 1분 30초간 노릇하게 볶아 크루통을 만든 후 덜어둔다.

7 달군 팬에 식용유, 베이컨을 넣고 중간 불에서 2~3분간 바싹 볶은 후 키친타월에 올려 기름기를 뺀다.

8 그릇에 로메인, 어린잎 채소, 크루통을 담는다. 드레싱, 베이컨, 그라나파다노 치즈 간 것을 곁들인다. ★드레싱의 양은 기호에 따라 조절한다.

타코
Taco

"
또띠야에 고기, 채소, 치즈,
소스 등을 얹고 반으로 접어 먹는
멕시코 음식. 타코는 싸 먹는 방식
자체를 가리키기도 한다. 즉, 또띠야에
무언가를 싸 먹으면 타코가 되는 것.
또띠야를 부드러운 상태
그대로 사용하면 '소프트타코',
바삭하게 튀기면 '하드타코'라고
칭한다.

낯선 재료 대체하기

사워크림 ▶ 떠먹는 플레인 요구르트 + 레몬즙
일반 생크림을 유산균으로 발효 시켜 만든 크림으로
우유의 고소한 맛에 상큼한 맛이 더해져 사워(Sour)란
이름이 붙여진 것. 동량의 떠먹는 플레인 요구르트에
레몬즙 약간을 섞어 대체해도 좋다.

콜비잭치즈 ▶ 슬라이스 치즈
콜비잭치즈는 미국에서 대중적인 치즈인
콜비치즈, 몬테레이잭 치즈 두 가지를 섞어 가공한 것.
체다치즈와 풍미가 비슷하나 짠맛이 더 강한 편이다.
동량의 일반 슬라이스 치즈로 대체해도 좋다.

- 또띠야(6인치) 5장
- 다진 쇠고기 200g
- 양상추 2장(30g)
- 파프리카 1/2개(100g)
- 양파 1/2개(100g)
- 고수 1줄기(생략 가능)
- 토마토 1/2개(75g)
- 올리브유 1큰술
- 핫 칠리소스 1컵(200㎖)
- 사워크림 5큰술
  ▶ 낯선 재료 대체하기 326쪽
- 채 썬 슬라이스 콜비잭치즈 2장
  ▶ 낯선 재료 대체하기 326쪽

양념
- 설탕 1큰술
- 양조간장 1/2큰술
- 참기름 1큰술
- 다진 마늘 1작은술
- 통후추 간 것 약간

1 다진 쇠고기는
키친타월로 핏물을 없앤 후
양념 재료와 섞어 10분간 둔다.

2 양상추는 1cm 두께로 썬다.

3 파프리카, 양파,
고수, 토마토는 다진다.

4 달군 팬에 또띠야를 넣고
앞뒤로 각각 30초씩 구운 후
덜어둔다. ★팬의 크기에 따라
나눠 굽는다. 큰 또띠야(12인치)
2~3장을 사용해도 좋다.

5 달군 팬에 올리브유, 파프리카,
양파를 넣고 중간 불에서
1~2분간 볶는다.

6 ①의 쇠고기, 핫 칠리소스를 넣고
2~3분간 되직해질 때까지 볶는다.

7 또띠야 1장을 손바닥에 올리고
살짝 접은 후 양상추, ⑥, 토마토를
1/5분량씩 넣는다.

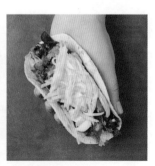

8 고수, 사워크림, 채 썬 치즈를
1/5분량씩 올린다. 접은 모양
그대로 그릇에 담는다.
같은 방법으로 4개 더 만든다.

부리토
Burrito

"

부리토는 새끼 당나귀를
뜻하는 스페인어로 당나귀에
싣고 다녔던 침낭의 모습이 이 요리와
비슷해서 붙여진 이름. 또띠야에
속재료를 넣고 돌돌 만 것으로
타코와 달리 밥을 넣는다는 특징이
있다. 참고로 부리토를 튀긴 것은
'치미창가(Chimichanga)'
라고 한다.

또띠야, 구운 채소,
구운 고기, 소스 등을 식탁에
함께 내는 요리. 일종의 '플래터'로
취향에 맞게 재료를 골라
또띠야에 싸 먹으면 된다. 과카몰리
(Guacamole; 아보카도로 만든
소스)와 살사 소스를 한 번에 섞어
만든 아보카도 살사를 곁들여 즐겨
볼 것. 사워크림이나 핫소스도
잘 어울린다.

파히타
Fajita

부리토

40~50분 / 3개분

Tip

- 또띠야(12인치) 3장
- 쇠고기 홍두깨살(또는 우둔살) 200g
- 양파 1/2개(100g)
- 피망 1개(100g)
- 양상추 2장(30g)
- 통조림 강낭콩 3큰술(생략 가능)
- 채 썬 슬라이스 체다치즈 2장
- 사워크림 3큰술
  - ▶ 낯선 재료 대체하기 330쪽
- 식용유 1큰술 + 1큰술
- 소금 약간
- 통후추 간 것 약간

밑간
- 타코시즈닝 1과 1/2큰술
  - ▶ 낯선 재료 대체하기 330쪽
- 소금 약간
- 통후추 간 것 약간

살사 소스
- 파프리카 1개(200g)
- 다진 양파 1/2개(100g)
- 다진 토마토 1개(150g)
- 다진 청양고추 2개
- 다진 마늘 1큰술
- 라임즙(또는 레몬즙) 2큰술
- 소금 약간

과카몰리
- 으깬 아보카도 1개(손질 후 160g)
- 다진 양파 1큰술
- 다진 고수 1큰술
- 라임즙(또는 레몬즙) 1큰술
- 소금 약간
- 통후추 간 것 약간

볶음밥
- 밥 1공기(200g)
- 버터 1큰술
- 다진 마늘 1큰술
- 다진 채소 1컵
  (양파, 피망 등, 100g)
- 타코시즈닝 2작은술
  - ▶ 낯선 재료 대체하기 330쪽
- 소금 약간
- 통후추 간 것 약간

통조림 강낭콩
강낭콩을 토마토 소스에 졸여
만든 요리인 베이크드 빈스
(Baked beans)가 통조림 형태로
판매되는 것.

낯선 재료 대체하기

사워크림 ▶ 떠먹는 플레인 요구르트 + 레몬즙
일반 생크림을 유산균으로 발효 시켜 만든 크림으로
우유의 고소한 맛에 상큼한 맛이 더해져 사워(Sour)란
이름이 붙여진 것. 동량의 떠먹는 플레인 요구르트에
레몬즙 약간을 섞어 대체해도 좋다.

타코시즈닝 ▶ 카레가루
칠리파우더, 오레가노, 큐민, 파프리카가루,
크러시드페퍼, 양파파우더, 소금, 후추 등
각종 향신료가 조합된 시즈닝 제품.
동량의 카레가루로 대체해도 좋다.

1 살사 소스 재료의 파프리카는
쇠젓가락에 꽂아 가스불에
그대로 올린다. 센 불에서 돌려가며
겉이 완전히 까맣게 탈 때까지
충분히 굽는다.

2 구운 파프리카는 바로 위생팩에
넣고 묶어 5분간 둔다. 습기가 차면
위생팩째 비벼 껍질을 벗긴 후
2등분한다. ★ 파프리카를 구워
껍질을 벗기면 풍미가 더 좋다.

3 ②를 헹궈 씨를 제거하고
잘게 다진 후 나머지 살사 소스
재료와 섞는다.

4 다른 볼에 과카몰리 재료를 섞는다.
★ 아보카도 손질하기 323쪽

5 달군 팬에 버터를 녹인 후
다진 마늘, 다진 채소를 넣고
센 불에서 2분, 나머지 볶음밥
재료를 넣고 1~2분간 볶는다.

6 쇠고기는 1~2cm 두께로
길게 썬 후 밑간 재료와 버무린다.

7 양파, 피망, 양상추는
0.5cm 두께로 썬다.

8 달군 팬에 또띠야를 넣고
중간 불에서 앞뒤로 각각
30초씩 구운 후 덜어둔다.

9 달군 팬에 식용유 1큰술,
양파, 피망, 소금, 통후추 간 것을
넣고 센 불에서 2분간 볶은 후
덜어둔다.

10 달군 팬에 식용유 1큰술,
⑥의 쇠고기를 넣고 센 불에서
2~3분간 볶은 후 덜어둔다.
★ 타지 않도록 주의한다.

11 또띠야에 살사 소스, 과카몰리,
볶음밥, ⑨, ⑩, 양상추,
통조림 강낭콩, 채 썬 치즈,
사워크림을 1/3분량씩
쌓아 올린다.

12 아랫 부분을 올려 접은 후
양옆을 안쪽으로 접어 돌돌 만다.
같은 방법으로 2개 더 만든다.

파히타

40~45분 / 2~3인분

- 또띠아(12인치) 3장
- 닭가슴살 1쪽(100g)
- 적양파 1개(또는 양파, 200g)
- 파프리카 1개(200g)
- 식용유 1큰술 + 1큰술 + 1큰술
- 소금 약간
- 통후추 간 것 약간
- 사워크림 1/2컵(100㎖)
  ▶ 낯선 재료 대체하기 332쪽

밑간
  ▶ 낯선 재료 대체하기 332쪽
- 칠리파우더 1과 1/2작은술
- 큐민가루 1/2작은술

아보카도 살사
- 아보카도 1개
- 토마토 1개(150g)
- 다진 양파 1/4개(50g)
- 다진 청양고추 1개
- 다진 마늘 1/2큰술
- 라임즙(또는 레몬즙) 2큰술
- 다진 고수 1작은술(생략 가능)
- 올리브유 1작은술
- 소금 약간
- 통후추 간 것 약간

라임즙
레몬즙에 비해 새콤함,
단맛, 이국적인 향이 강하다.
생 라임을 바로 즙 내어 사용하면
더 신선하지만, 시판 라임즙으로
간편하게 사용해도 된다.

Tip

낯선 재료 대체하기

사워크림 ▶ 떠먹는 플레인 요구르트 + 레몬즙
일반 생크림을 유산균으로 발효 시켜 만든 크림으로
우유의 고소한 맛에 상큼한 맛이 더해져 사워(Sour)란
이름이 붙여진 것. 동량의 떠먹는 플레인 요구르트에
레몬즙 약간을 섞어 대체해도 좋다.

밑간 ▶ 카레가루 + 통후추 간 것
고기 밑간에 칠리파우더, 큐민가루와 같은
향신료를 더하면 감칠맛이 깊어진다.
풍미는 덜해지지만 카레가루 1과 1/2작은술,
통후추 간 것 1/2작은술로 대체해도 좋다.

1 아보카도는 손질한 후 으깬다.
★아보카도 손질하기 323쪽

2 토마토는 열십(+)자로 칼집을 낸다.
끓는 물(3컵)에 넣고 30초간
굴려가며 데친 후 찬물에 헹군다.

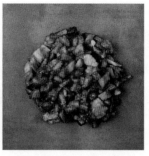

3 껍질을 벗긴 후 잘게 다진다.

4 볼에 아보카도 살사 재료를
모두 섞는다.

5 닭가슴살은 1cm 두께로 썬다.

6 밑간 재료와 섞어 10분간 둔다.

7 적양파는 0.5cm 두께의
링 모양으로 썰고,
파프리카는 2cm 두께로 썬다.

8 달군 팬에 또띠야를 넣고
중간 불에서 앞뒤로 각각
30초씩 구운 후 덜어둔다.
4~6등분한다.

9 달군 팬에 식용유 1큰술,
양파, 소금, 통후추 간 것을
넣고 센 불에서 앞뒤로 각각
1~2분씩 구운 후 덜어둔다.

10 달군 팬에 식용유 1큰술,
파프리카, 소금, 통후추 간 것을
넣고 센 불에서 2~3분간
볶은 후 덜어둔다.

11 달군 팬에 식용유 1큰술,
⑥의 닭가슴살을 넣고
중간 불에서 뒤집어가며
4~5분간 굽는다.
★타지 않도록 자주 뒤집어준다.

12 그릇에 또띠야, 구운 채소,
닭가슴살을 담는다.
아보카도 살사, 사워크림을
곁들인다.

또띠야에 재료를 넣고
막대 모양으로 말아 오븐에 구운
요리. '고추 소스를 더하다'란 뜻의
'엔칠라'에서 파생된 이름으로
겉에 칠리소스를 바르는 것이
특징이다. 멕시코의 노점에서는
어떤 재료도 넣지 않고 또띠야만
돌돌 말아 구운 것을 칠리소스에
찍어 먹기도 한다.

"

엔칠라다
Enchilada

낯선 재료 대체하기

핫 칠리소스 ▶ 토마토케첩 + 다진 마늘 + 다진 청양고추

핫 칠리소스는 고추에 토마토, 식초, 설탕, 향신 채소 등의
재료를 더한 칠리소스 중 매운맛이 강한 제품이다.
매운맛과 풍미는 덜해지지만 동량의 토마토케첩에
다진 마늘, 다진 청양고추를 약간씩 섞어 대체해도 좋다.

- 또띠아(12인치) 3장
- 쇠고기 불고기용 300g
- 양파 1/2개(100g)
- 파프리카 1/2개(100g)
- 핫 칠리소스 1/2컵(100㎖)
  ◑ 낯선 재료 대체하기 334쪽
- 채 썬 슬라이스 체다치즈 2장
- 슈레드 피자치즈 3큰술
- 식용유 1큰술

양념
- 설탕 1큰술
- 다진 마늘 1큰술
- 다진 파 1큰술
- 양조간장 1과 1/2큰술
- 참기름 1큰술
- 통후추 간 것 약간

Tip

체다치즈
영국의 대표적인 치즈.
현재는 대량 생산하기 때문에
식품 첨가물로 맛을 조절해
순한 맛부터 진한 맛까지 다양하다.
보통 슬라이스 형태로 판매.

1 쇠고기는 키친타월로
핏물을 없앤 후 양념 재료와
버무려 10분간 둔다.
★오븐은 190℃로 예열한다.

2 양파, 파프리카는
가늘게 채 썬다.

3 달군 팬에 식용유, 양파,
파프리카를 넣고 센 불에서
1~2분간 볶은 후 덜어둔다.

4 달군 팬에 ①의 쇠고기를 넣고
중간 불에서 3~4분간 바싹 볶는다.

5 또띠야 3장에 ③의 채소 →
④의 쇠고기 → 핫 칠리소스 2큰술
순으로 나눠 올린다. 이때,
핫 칠리소스는 조금 남겨둔다.

6 돌돌 만다.

7 종이 포일을 깐 오븐 팬에 올린 후
남겨둔 핫 칠리소스를
윗면에 펴 바른다. 채 썬 치즈,
슈레드 피자치즈를 나눠 올린다.

8 190℃로 예열된 오븐의
가운데 칸에서 7~8분간
치즈가 녹을 때까지 굽는다.

퀘사디야
Quesadilla

"

치즈를 뜻하는 스페인어
'케소(Queso)'에서 유래된
이름으로 또띠야 2장 사이에
치즈와 각종 재료를 채워 구운 요리.
고기도, 해산물도 속재료로
잘 어울리는 편. 피자 모양처럼 잘라
사워크림이나 시판 살사소스를
뿌려 먹는다.

낯선 재료
대체하기

사워크림 ▶ **떠먹는 플레인 요구르트 + 레몬즙**
일반 생크림을 유산균으로 발효 시켜 만든 크림으로
우유의 고소한 맛에 상큼한 맛이 더해져 사워(Sour)란
이름이 붙여진 것. 동량의 떠먹는 플레인 요구르트에
레몬즙 약간을 섞어 대체해도 좋다.

- 또띠야(12인치) 2장
- 냉동 생새우살 10마리(150g)
- 양파 1/2개(100g)
- 파프리카 1/2개(100g)
- 올리브유 2큰술
- 다진 마늘 1큰술
- 슈레드 피자치즈 1컵(100g)
- 사워크림 4큰술
  ▶ 낯선 재료 대체하기 336쪽

소스
- 다진 마늘 1큰술
- 핫소스 1큰술
- 굴소스 1큰술
- 통후추 간 것 약간

밑간
- 청주(또는 소주) 1큰술
- 소금 약간
- 통후추 간 것 약간

핫소스
멕시코 타바스코 지역의 매운 고추에 소금, 식초를 넣고 발효 시킨 것. 매운맛, 신맛과 함께 톡 쏘는 향이 나며 소량만 사용해도 맛이 강하게 난다.

불고기 퀘사디야 만들기
냉동 생새우살을 쇠고기 불고기용 200g으로 대체해도 좋다.

Tip

1 냉동 생새우살은 찬물에 담가 해동한 후 물기를 뺀다.
★오븐은 200℃로 예열한다.

2 양파, 파프리카는 잘게 다진다.

3 볼에 소스 재료를 섞는다.

4 생새우살은 밑간과 버무린다.

5 달군 팬에 올리브유, 다진 마늘, 양파, 파프리카를 넣고 중간 불에서 1분, 생새우살, 소스를 넣고 3~4분간 볶는다.

6 종이 포일을 깐 오븐 팬에 또띠야 1장을 올리고 ⑤를 펼친 후 슈레드 피자치즈를 올린다.

7 또띠야 1장으로 덮은 후 190℃로 예열된 오븐의 가운데 칸에서 7~8분간 치즈가 녹을 때까지 굽는다.

8 먹기 좋은 크기로 썬 후 사워크림을 곁들인다.

푸틴
Poutine

" "

감자튀김에 치즈커드(우유를
산으로 응고 시킨 것, 치즈를 만드는
첫 번째 단계의 산물)를 얹고 그레이비
소스를 뿌려 만드는 퀘백의 음식.
본래 커드를 사용하는 것이 특징이지만
생 모짜렐라 치즈로 쉽게 만들었다.
시간이 지나면 치즈가 굳고
튀김이 눅눅해지므로 만든 직후
먹는 것을 추천.

낯선 재료
대체하기

생 모짜렐라 치즈 ▶ 슈레드 피자치즈 또는 스트링 치즈
생 모짜렐라 치즈는 신선한 우유 향이 나는 치즈로
소금물과 함께 담겨 판매된다. 슈레드 피자치즈 1컵(100g)
또는 스트링 치즈 2개로 대체해도 좋다.

토마토 페이스트, 우스터소스 ▶ 토마토케첩, 굴소스
토마토 페이스트는 토마토의 껍질, 씨를 제거하고 과육과 즙을
함께 걸쭉해질 때까지 끓인 것. 동량의 토마토케첩으로 대체해도
좋다. 우스터 소스는 앤초비, 식초, 설탕, 각종 향신료를 섞어
발효 시킨 것. 동량의 굴소스로 대체해도 좋다.

- 냉동 감자튀김 200g
- 생 모짜렐라 치즈 1개(120g)
  ▶ 낯선 재료 대체하기 338쪽
- 식용유 5컵(1ℓ)
- 소금 약간
- 통후추 간 것 약간

소스
- 양파 1/2개(100g)
- 버터 1큰술 + 1큰술
- 밀가루 1큰술
- 토마토 페이스트 1큰술
  ▶ 낯선 재료 대체하기 338쪽
- 레드와인 1/4컵(50㎖)
- 치킨육수 1컵
  (치킨스톡큐브 1/3개 + 물 1컵)
- 양조간장 1/2작은술
- 우스터소스 1작은술
  ▶ 낯선 재료 대체하기 338쪽
- 소금 약간
- 통후추 간 것 약간

Tip

레드와인
껍질을 벗기지 않은 포도를 발효,
숙성 시켜 만들어 레드빛을 띠는
와인. 화이트와인보다 맛이
약간 떫은 편이며 고기 요리에
많이 활용한다.

치킨스톡
닭고기, 닭 뼈 등을 우려 만든
육수를 큐브, 파우더, 액상 형태로
가공한 것. 큐브 1/3개는 파우더나
액상 2/3작은술로 대체 가능.

소스

1 소스 재료의 양파는
  가늘게 채 썬다.

2 달군 냄비에 버터 1큰술을 녹인 후
  밀가루를 넣고 중약 불에서
  진한 노란빛이 날 때까지 2~3분간
  볶은 후 덜어둔다. 냄비를 씻는다.

3 달군 냄비에 버터 1큰술을
  녹인 후 ①의 양파를 넣고
  중약 불에서 갈색이 될 때까지
  12~15분간 볶는다.

4 토마토 페이스트를 넣고 2분,
  ②, 나머지 소스 재료를 넣고
  걸쭉해질 때까지 10~15분간
  저어가며 끓여 소스를 완성한다.

요리하기

5 깊은 팬에 식용유를 넣고
  180℃로 끓인다. 감자튀김을 넣고
  중간 불에서 포장지에 적힌
  시간대로 바삭하게 튀긴다.
  ★ 기름 온도 확인하기 18쪽

6 체에 받쳐 기름기를 뺀다.
  뜨거울 때 소금, 통후추 간 것을
  뿌린다.

7 그릇에 감자튀김을 담고,
  생 모짜렐라 치즈를 뜯어 올린 후
  ④의 소스를 뜨겁게 데워 끼얹는다.
  ★ 소스가 뜨거워야 치즈가 잘 녹는다.

쿠바 샌드위치
Cuban sandwich

영화 〈아메리칸 셰프〉에서
나오며 인기를 얻은 메뉴. 실제
19세기 후반, 미국으로 이주한 쿠바의
노동자들이 즐겨 먹던 샌드위치로
알려져 있다. 빵 사이에 로스트 포크,
스위스치즈 등을 채우고 그릴로 누르면
치즈가 녹아 내리면서 극강의
풍미를 낸다. 피클 외 채소는
넣지 않는 것이 정석.

낯선 재료 대체하기

치아바타 ▶ 곡물 식빵
치아바타는 이탈리아어로 슬리퍼를 의미하는데,
마치 빵의 모양이 슬리퍼처럼 생겨서 붙여진 이름.
곡물 식빵 2장으로 대체해도 좋다.

옐로우 머스터드 ▶ 다른 머스터드 또는 토마토케첩
겨자씨 간 것에 식초 등을 섞어 되직한 형태로 만든 제품.
일명 서양식 겨자. 단맛이 거의 없는 편이다.
다른 머스터드나 토마토케첩으로 대체해도 좋다.

- 돼지고기 목살 300g
  (두께 3~4cm 덩어리)
- 치아바타 2개
  ▶ 낯선 재료 대체하기 340쪽
- 코니숑 피클 4개
- 슬라이스 치즈 4장
- 슈레드 피자치즈 4큰술
- 옐로우 머스타드 1큰술
  ▶ 낯선 재료 대체하기 340쪽
- 버터 약간

마리네이드
- 말린 허브가루 1과 1/2큰술
- 다진 마늘 1과 1/2큰술
- 오렌지 제스트 1큰술
- 라임즙(또는 레몬즙) 2큰술
- 큐민가루(또는 통후추 간 것) 1작은술
- 다진 고수 1/4컵(생략 가능)
- 오렌지즙 1/4컵(50㎖)
- 올리브유 1/4컵(50㎖)

Tip

코니숑 피클
'코니숑'이란 종의 미니 오이를
절인 것. 일반 슬라이스 피클보다
더 단단하며, 단맛이 적다.

오렌지 제스트 만들기
오렌지는 굵은소금으로 껍질을
문질러 씻은 후 필러로 껍질의
노란 부분을 얇게 벗겨 잘게 다진다.

파니니그릴을 팬으로 대체하기
양면에서 열전도가 되는 그릴로
사이에 빵을 넣고 눌러 사용한다.
없을 경우 그릴 팬 또는 일반 팬에
넣고 뒤집개로 눌러 치즈를 녹인다.

마리네이드

1 볼에 마리네이드 재료를 섞는다.
  ★라임, 오렌지는 스퀴저(38쪽)로
  생 즙을 짜서 더하면 향이 더 좋다.

2 돼지고기를 넣고 랩을 씌워
  냉장실에서 1일 이상 재운다.

요리하기

3 종이 포일을 깐 오븐 팬에 고기를
  건져 올린다. 180℃로 예열한
  오븐의 가운데 칸에서 25~30분간
  굽는다. 이때, 중간에 한 번
  뒤집어 준다. ★두께에 따라
  굽는 시간을 조절한다.

4 코니숑 피클은 길이로 편 썰고,
  고기는 한 김 식힌 후 얇게 썬다.

5 2개의 치아바타는 각각 2등분한 후
  옐로우 머스타드를 나눠 바른다.

6 치아바타에 슬라이스 치즈 2장
  → 슈레드 피자치즈 2큰술 →
  고기 → 코니숑 피클 순으로
  나눠 올린다. 남은 치아바타로
  덮는다.

7 치아바타 겉에 버터를 바른다.
  달군 파니니 그릴에 올려
  치즈가 녹을 때까지 힘주어 누른다.

세비체

Ceviche

"
지리적 특성상
해산물이 풍부한 페루에서
즐겨 먹는 날생선 샐러드.
주로 흰살 생선, 한치, 관자 등의
해산물을 사용하며, 이를 얇게 포 떠서
라임즙이나 레몬즙에 재워 두었다가
차게 먹는다. 양파나 고수를
곁들이면 더 산뜻하게
즐길 수 있다.

- 흰살 생선 횟감 100g(광어, 우럭 등)
- 라임 2개(또는 레몬 1개)
- 적양파 1/2개(또는 양파, 100g)
- 올리브유 2큰술
- 소금 약간
- 통후추 간 것 약간

Tip

스퀴저
레몬, 라임, 오렌지 등 시트러스
과일의 즙을 짜는 도구.
과일을 반으로 썰어 뾰족한 부분에
대고 비틀면 된다.

흰살 생선 구입하기
횟감으로 포 떠진 것을
구입해야 간편하다.
이때, 두껍지 않은 것을 구입할 것.
종류는 광어, 우럭을 추천.

1 라임은 스퀴저로 즙을 짠다.
★시판 라임즙 3~4큰술을
사용해도 좋다.

2 넓은 그릇에 흰살 생선을 펼치고
라임즙을 뿌린 후 랩을 씌워
냉장실에서 30분 이상 차게 둔다.
★라임즙의 산 성분에 의해
생선이 응고되고 불투명해진다.

3 적양파는 가늘게 채 썬다.

4 ②의 라임즙을 따라 버리고
올리브유, 소금, 통후추 간 것을
뿌린다.

5 그릇에 적양파를 깔고
④를 올린다.

★ 맛있게 즐기기 ★
❶ 즙을 짜고 남은 라임의 껍질을
가늘게 채 썰어 올려도 좋다.
굵은소금으로 문질러 씻은 후
필러로 껍질을 얇게 벗겨 사용한다.
❷ 화이트와인과 잘 어울린다.

버거 & 스테이크

버거의 역사

몽골의 말안장 스테이크

버거는 미국을 대표하는 음식으로 알려져 있지만
사실 동양권 국가인 몽골이 원조격이다. 질긴 고기를
말의 안장에 끼워 넣고, 말의 반동에 의해 고기가
내려치는 과정에서 부드러워진 것을 구워 먹곤 했던 것.
이것이 햄버거의 시초인 '말안장 스테이크'이다.

유럽으로의 전파

말안장 스테이크는 동유럽에 전파된 후 '몽골인'을
가리키는 단어인 '타타르'와 결합되어 '타타르 스테이크'란
이름을 갖게 되었다. 이후 독일인에 의해 다시 발전하였는데,
기존에 고기를 두들겨 굽는 것에서 더 깊은 풍미를
내기 위해 고기를 완전히 가는 조리법을 적용한 것.
이는 독일의 함부르크 지역에서 개발되었다 하여
'함부르크 스테이크(Hamburg steak)'라 불렸다.

미국식 햄버거의 탄생

미국의 한 행사장에서 둥근 빵 사이에
함부르크 스테이크를 끼워 넣어 선보인 것이
미국식 햄버거(Hamburger, 314쪽)의 탄생 기원 중 하나.

한국으로의 유입

1950년 6·25 전쟁 당시 한국에 파병된 미군들에 의해
우리나라에 햄버거가 처음으로 유입되었다.
이후 1979년 한국 최초의 패스트푸드점인 '롯데리아'가
소공동에 문을 열면서 대중들에게 본격적으로
알려진 것. 이후 1988년, 후발주자로 미국의 패스트푸드
브랜드 '맥도날드'가 압구정동에 1호점을 열었다.
이에 롯데리아는 토종 브랜드답게 철저한 한국식 버거를
선보였고, 1992년에 출시한 불고기 버거는 엄청난 인기를
얻으며 한국 햄버거의 상징이 되었다.

스테이크의 탄생

노르웨이의 고어로 '구이'를 뜻하는
'스테이크(Steik)'에서 유래된 말.
고기를 불에 구워 먹는 조리법은
예전부터 있었지만, 현재 우리가 즐기는 형태의
비프 스테이크는 유럽 귀족사회에서부터
시작되었다. 18세기 영국 런던의 신사들은
'비프 스테이크 클럽'이란 사교모임을
만들 정도로 이를 즐겼으며, 귀한 신분과
남성성을 드러내는 음식으로 여겼다.

영국에서 즐기던 비프 스테이크가
프랑스에 전해진 것은 19세기. 파리에 머물던
영국 군인들이 스테이크를 전파시켰고,
평소 영국 음식은 맛없다고 치부하던
프랑스 귀족들이 비프 스테이크만큼은
좋아했던 것. 이후 미국으로 건너가면서
더욱 대중화되었다.

미국식 스테이크 vs. 유럽식 스테이크

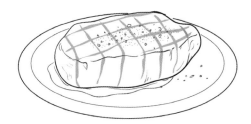

미국식

주로 단품 요리로 즐기며 한 끼 식사용인 만큼
큼직하고 두툼하다. 주로 그릴을 이용하며,
직화로 굽기도 한다.

유럽식

프랑스식 스테이크가 대표적이며,
코스 요리의 일부 메뉴이다 보니 양이 적은 편.
미국식이 주식에 가깝다면
유럽식 스테이크는 미식, 별식으로 취급된다.

부위에 따른 스테이크 메뉴명

- **설로인 스테이크(Sirloin steak)**
  등심 스테이크를 뜻하며, '설로인'이라는
  명칭은 영국의 국왕 찰스 2세가 붙인 것이다.
  '로인(loin; 등심)'이라는 부위의 고기가
  식사 때마다 본인을 즐겁게 해준다며
  기사 작위를 수여하는 의미로 로인 앞에
  '설(sir)'를 붙여 설로인 스테이크라 명명한 것.

- **텐더로인 스테이크(Tenderloin steak)**
  안심 스테이크로 부드럽고 담백한 맛이 특징.
  19세기, 상당한 미식가로 알려진
  프랑스의 귀족 샤토브리앙이 즐겨먹는
  스테이크로 유명해졌다. 그 덕에 안심 부위
  중에서도 한가운데에 있는 최고급 부위를
  '샤토브리앙'이라 부르기도.

- **스트립 스테이크(Strip steak)**
  채끝등심 부위를 사용한 스테이크로
  안심과 등심 중간 정도의 적당한 마블링이
  특징. 덕분에 씹는 맛과 부드러운 풍미를
  동시에 느낄 수 있다. 뉴욕의 지형과 비슷한
  길쭉한 모양을 띠고 있어 '뉴욕 스테이크'란
  별칭으로 불리기도.

- **립아이 스테이크(Rib eye steak)**
  '립(Rib)'은 갈비를 뜻하며, '립아이(Rib eye)'는
  갈비 부분에서 잘라낸, 일명 꽃등심 부위를
  가리킨다. 살코기 사이에 마블링이 고르게
  퍼져있어 고소한 풍미가 일품.

- **티본 스테이크(T-Bone steak)**
  T자 형태의 뼈를 기준으로 등심과 안심을
  한 번에 맛볼 수 있는 부위. 안심의 크기가
  유독 큰 것은 '포터하우스 스테이크
  (Porter house steak)'라고 칭한다.

땡모반 แตงโมปั่น

2잔분

- 수박 과육 3컵(600g)
- 설탕 2큰술
  (또는 꿀, 수박의 당도에 따라 가감)
- 얼음 1컵(100g)

1 믹서에 모든 재료를 넣고 간다.

신또 Sinh tố

2잔분

- 아보카도 1개
- 연유 7큰술(기호에 따라 가감)
- 생수 1과 1/2컵(300㎖)
- 얼음 2컵(200g)

1 아보카도는 손질(323쪽)한 후 한입 크기로 썬다.

2 믹서에 모든 재료를 넣고 간다.

땡모반
태국식
수박주스

신또
베트남식
과일쉐이크

+Recipe

요리와 함께 즐겨요!
나라별 인기 음료 & 술

망고주스 Mango juice

2잔분

• 망고 3개(600g)
• 레몬즙 3큰술
• 얼음 1컵(100g)

1 망고는 껍질, 씨를 제거한 후 한입 크기로 썬다.
2 믹서에 모든 재료를 넣고 간다.

망고주스
신선한
생 망고를
간 것

모히토 Mojito

1잔분

- 라임 1개
- 애플민트 10장
- 설탕 2큰술
- 럼 1큰술
- 탄산수 1/2컵(100㎖)
- 얼음 1/2컵(50g)

★ **럼(Rum)** 사탕수수의 즙을 발효 시켜 만든 술.
베이킹, 칵테일에 활용한다. 대형 마트에서 구입 가능.

1 라임은 굵은소금으로 껍질을 문질러 씻는다.
　 1/2개는 얇게 썰고, 1/2개는 스퀴저(38쪽)로 즙을 짠다.

2 애플민트는 손으로 대강 뜯어 잔에 넣는다.

3 ②의 잔에 라임즙, 설탕을 넣고 섞은 후 나머지 재료를 넣는다.

하이볼 ハイボール

1잔분

- 산토리 위스키(또는 다른 위스키) 2큰술
- 레몬즙 2큰술
- 설탕 1작은술
- 탄산수 1컵(200㎖)
- 얼음 1/2컵(50g)
- 슬라이스 레몬 1조각

1 잔에 위스키, 레몬즙, 설탕을 넣고 섞는다.

2 탄산수, 얼음, 슬라이스 레몬을 넣는다.

모히토
라임, 애플민트로
만든 칵테일

하이볼
레몬, 위스키로
만든 칵테일

뱅쇼 Vin chaud

2잔분

- 과일 300g(오렌지, 귤, 배, 사과 등)
- 시나몬스틱 1개
- 레드와인 2와 1/2컵(500㎖)

1 과일은 굵은소금으로 껍질을 문질러 씻은 후
0.5cm 두께로 얇게 썬다.

2 냄비에 모든 재료를 넣고 중간 불에서 끓어오르면
약한 불로 줄여 20분간 끓인다.

3 불을 끄고 과일 맛이 우러나도록
그대로 1시간 동안 둔다.
★ 먹기 직전에 따뜻하게 데워 먹는다.

상그리아 Sangría

1ℓ분

- 레드와인 1병(750㎖)
- 오렌지주스 1/2컵(100㎖)
- 크랜베리주스 1/4컵(50㎖)
- 오렌지 2개(600g)
- 레몬 2개(200g)
- 사과 1개(200g)
- 시나몬스틱 1개

1 레드와인, 오렌지주스, 크랜베리주스를 섞는다.

2 오렌지, 레몬, 사과는 굵은소금으로
껍질을 문질러 씻은 후 0.5cm 두께로 얇게 썬다.

3 모든 재료를 섞어 냉장실에서 3시간 이상 둔다.

상그리아
시원하게 즐기는
와인 칵테일

뱅쇼
따뜻하게 즐기는
와인 칵테일

카페 쓰어다 Cà phê sữa đá

1잔분
___

- 베트남 인스턴트 커피가루(또는 다른 커피가루) 1봉
- 베트남 연유(또는 일반 연유) 3~4큰술
- 뜨거운 물 1/3컵(약 70mℓ)
- 얼음 1컵(100g)

★ **베트남 인스턴트 커피가루**
G7 브랜드 제품을 활용. 수입 식재료몰에서 구입 가능.

★ **베트남 연유**
온라인몰에서 '베트남 연유' 검색 후 구입 가능.

1 인스턴트 커피가루, 뜨거운 물을 섞은 후 한 김 식힌다.

2 잔에 연유를 넣는다.

3 ①, 얼음을 넣고 섞어 마신다.

카페 쓰어다
연유를
넣은 달콤한
아이스커피

밀크티 | Milk tea

1잔분

- 홍차 티백 2개
- 설탕 1큰술
- 우유 1과 1/2컵(300㎖)

1 냄비에 우유를 넣고 약한 불에서 끓어오르면
  티백을 넣고 3~4분간 끓인다.

2 불을 끄고 설탕을 넣어 섞는다.

라씨 | लस्सी

1잔분

- 떠먹는 플레인 요구르트 1통(85g)
- 꿀 1/2큰술
- 우유 3/4컵(150㎖)
- 얼음 1/2컵(50g)

1 잔에 떠먹는 플레인 요구르트, 꿀, 우유를 넣고 섞는다.

2 얼음을 넣는다.

라씨
요구르트로
만든 인도의
전통 음료

밀크티
따뜻하게 데운
우유에 홍차를
우린 것

Index

늘 곁에 두고 활용하는 소장 가치 높은 책을 만듭니다

레시피팩토리

<진짜 기본 세계 요리책>과 함께 보면 좋은 책

< 나만의 홈스토랑이 빛나는 순간 >
지은경 지음 / 168쪽

애피타이저, 메인, 식사, 그리고 디저트까지
심플하면서도 한 끗 다른 맛과 스타일의 메뉴들.
상황별 추천 세트로 집에서도 외식하듯
나만의 홈스토랑을 즐겨보세요.

< 소박한 파스타 >
월간 수퍼레시피 지음 / 200쪽

어렵게만 느껴졌던 이탈리안 요리가 아닌
따뜻한 집밥으로 다시 만나는 파스타.
기본 이탈리안 파스타부터 냉장고 속 재료로 만드는
소박한 파스타까지 모두 만나보세요.

< 매일 만들어 먹고 싶은 식빵 샌드위치 & 토핑 핫도그 >
신아림 지음 / 144쪽

카페 메뉴 컨설턴트 아리미의 가장 자신 있는 기본 조합
속이 꽉 찬 맛있는 샌드위치와 핫도그 50여 가지.
이제 집에서도 맛있고 든든한
카페 샌드위치 & 핫도그를 만들어보세요.

홈페이지 www.recipefactory.co.kr 애독자 카페 레시피팩토리 프렌즈 cafe.naver.com/superecipe 인스타그램 @recipefactory
네이버 포스트 레시피팩토리 유튜브·네이버TV 레시피팩토리TV 카카오스토리·페이스북 레시피팩토리everyday

더 맛있는 집밥을 만드는 노하우

**넉넉히 만들어 냉장고에 보관해도
한결같이 맛있는 비법 레시피**
< 집밥이 편해지는 명랑쌤 비법 밑반찬 >

**비법 밑국물과 양념으로 맛집보다
더 깊은 맛의 국물요리를 만드는 노하우**
< 집밥이 더 맛있어지는 명랑쌤 비법 국물요리 >

**고기, 생선, 해물, 두부, 달걀로 만든
푸짐하고 다채로운 한그릇 반찬들**
< 김치만 곁들이면 식사 준비 끝! 일품반찬 >

나에게 맞는 건강한 라이프 스타일 & 식생활

**리틀 포레스트 같은 삶을 지향하는
주말 도시 농부의 텃밭 & 요리 이야기**
< 작은 텃밭 소박한 식탁 >

**채소2, 단백질 식품1, 통곡물1로 구성된
건강 수치 개선하는 균형 식단 & 메뉴**
< 대사증후군 잡는 211식단 >

**당뇨와 다이어트에 모두 효과적인
저탄수화물, 건강한 지방 식사법**
< 바쁜 당신도 지속 가능한 저탄건지 키토식 >

채식 지향 식생활을 위한 요리 & 베이킹

**채식의 의미부터 방법, 레시피까지
채식 지향 식생활 입문서**
< 채식 연습 : 천천히 즐기면서 채식과 친해지기 >

**통곡물로 맛과 영양, 비주얼까지
모두 잡은 업그레이드 채식 베이킹**
< 홀그레인 비건 베이킹 >

**제철 재료로 정갈하게 만드는
몸과 마음까지 다스리는 한식 채식**
< 채식이 맛있어지는 우리집 사찰음식 >

우리가 진짜
배우고 싶었던
다른 나라 요리
116가지

진짜 기본 세계 요리책

1판 1쇄 펴낸 날	2019년 3월 28일
1판 3쇄 펴낸 날	2022년 1월 15일

편집장	이소민
책임편집	한혜인
레시피 교정	배정은·송영은·석슬기(레시피팩토리 테스트키친팀)
디자인	원유경
사진	김덕창(StudioDA, 어시스턴트 권석준)·정택
스타일링	김형님(어시스턴트 임수영)
요리 어시스턴트	김소연·최서연
일러스트	신민경
영업·마케팅	김은하·고서진

고문	조준일
펴낸이	박성주

펴낸곳	(주)레시피팩토리
주소	서울특별시 송파구 올림픽로212 갤러리아팰리스 A동 1224호
대표번호	02-534-7011
팩스	02-6969-5100
홈페이지	www.recipefactory.co.kr
독자카페	cafe.naver.com/superecipe
출판신고	2009년 1월 28일 제25100-2009-000038호

제작·인쇄	(주)대한프린테크

값 19,800원

ISBN 979-11-85473-48-2

그릇 협찬 스켑숄트, 오덴세 / 타일 협찬 윤현상재